"中国森林生态系统连续观测与清查及绿色核算"系列丛书

王 兵 主编

云南省林草资源生态连清体系监测布局与建设规划

孟广涛　李贵祥　郭　珂　杨　倩
李品荣　蔡雨新　张正海　牛　香　　　著

中国林业出版社
China Forestry Publishing House

图书在版编目(CIP)数据

云南省林草资源生态连清体系监测布局与建设规划 /孟广涛等著. -- 北京：中国林业出版社，2021.8
("中国森林生态系统连续观测与清查及绿色核算"系列丛书)
ISBN 978-7-5219-1128-2

Ⅰ.①云… Ⅱ.①孟… Ⅲ.①森林生态系统－研究－云南②草原生态系统－研究－云南 Ⅳ.①S718.55②S812.29

中国版本图书馆CIP数据核字(2021)第063960号

审图号：云S（2021）18号

中国林业出版社·林业分社

策划、责任编辑： 于晓文　于界芬

出版发行	中国林业出版社
	（100009 北京西城区德内大街刘海胡同 7 号）
网　　址	http：//www.forestry.gov.cn/lycb.html
电　　话	（010）83143542
印　　刷	河北京平诚乾印刷有限公司
版　　次	2021 年 8 月第 1 版
印　　次	2021 年 8 月第 1 次
开　　本	889mm×1194mm　1/16
印　　张	12
字　　数	270 千字
定　　价	98.00 元

未经许可,不得以任何方式复制或抄袭本书之部分或全部内容。

版权所有　侵权必究

《云南省林草资源生态连清体系监测布局与建设规划》著者名单

项目完成单位：

云南省林业和草原科学院

中国森林生态系统定位观测研究网络（CFERN）

项目首席科学家：

王　兵　中国林业科学研究院

项目组成员：

孟广涛　牛　香　李贵祥　郭　珂　杨　倩　李品荣　蔡雨新
张正海　曹建新　和丽萍　柴　勇　庞　静　马赛宇　周　云
常恩福　尹艾萍　武　力

编写组成员：

孟广涛　李贵祥　郭　珂　杨　倩　李品荣　蔡雨新　张正海
牛　香

地图制作：

云南省地图院

前 言

森林、湿地和草原是陆地上重要的自然生态系统。森林是人类社会赖以生存与发展的一项重要的物质基础和保障，担负着维持国民经济可持续发展、保障人民生活水平稳步提升和保护生态环境的重要使命；湿地是陆地生态系统与水域生态系统之间的过渡地带，是地球生命支持系统的重要组成单元之一，也是人类社会发展的基本保证；草原如同皮肤一样覆盖着山川大地，是维系国家生态安全最重要的生态系统之一，也是草原地区经济社会发展和农牧民增收的重要资源。随着全球生态环境恶化，陆地生态系统面临着一系列资源、环境和生态系统方面的问题。

为了揭示陆地生态系统结构与功能，从20世纪50年代末至60年代初，我国开始建设陆地生态系统定位观测研究站（以下简称生态站）。经过几十年的发展，逐步形成了两个生态系统定位观测研究的网络：国家林业和草原局下属的国家陆地生态系统定位观测研究站网（CTERN）和中国科学院下属的中国生态系统研究网络（CERN）。中国林业科学研究院王兵研究员在森林生态系统连清体系与效益评估方面提出了一套较完整的理论和可行方法，规范了森林生态站的建设和观测研究，顺应了林业标准化体系发展的需求，全面提升了森林生态站建设和观测研究水平。如今，人类已经进入生态文明时代，生态建设是当今世界发展的主题，生态监测网络已成为研究样带典型区域生态学特征、监测森林、草地和湿地等陆地生态系统动态变化，为生态建设提供决策依据和技术保障的重要平台，在解决生态建设的重大科技问题、构建生态安全格局、服务国家生态文明与美丽中国建设等方面发挥着重要作用，对于进一步加强新时期生态站网建设具有重大的科学意义和战略意义。

云南地处全球34个生物多样性热点地区，以及面向南亚和东南亚生态屏障的重要区位，是全球开展植物学研究的天然实验室，是保护中国植物资源的重要阵地，独特的地理位置造就了其生态系统类型的多样性，物种的丰富度世界瞩目。2020年1月，习近平总书记考察云南时指出云南是"植物王国""动物王国""世界花园"。

因此，云南林草资源生态连清体系监测网络是具有地域特色的网络，是云南自然生态环境建设的重要支撑，是维持云南生态屏障功能，为"一带一路"及国家生态安全提供科技支撑迫切的现实需要。

截至目前，云南省现已建设森林、草地、荒漠和竹林为主的生态定位研究站15个，17个国家级保护区开展了生物多样性监测，5处湿地启动了生态监测工作，全省初步建立了以生态定位观测网络为主体、自然保护区和湿地监测为补充的网络监测体系。为认真贯彻落实习近平生态文明思想，提升云南自然生态环境建设水平，紧紧围绕省委、省政府提出的争当全国生态文明建设排头兵、建设中国最美丽省份的战略布局及"两王国一花园"的新定位、新要求，结合云南资源禀赋和生态优势，开展云南省林草资源生态连清体系监测布局与建设规划编制工作。规划立足"山水林田湖草"生命共同体理念，以资源类型、行政区划、重点生态区及优化资源配置为生态监测网络布局原则，按照森林、草地、湿地、荒漠、城市五大类进行规划，形成层次清晰、功能完善、覆盖全省主要生态区域的生态监测网络。通过规划的科学制定和组织实施，可以进一步完善云南省林草资源生态连清体系监测网络布局，提升生态站点的观测研究能力，实现在更大的时空尺度和更高的宏观层次上，开展主要类型陆地生态系统长期定位观测和生态过程关键技术研究，为区域生态环境建设、维护生态安全和经济社会可持续发展提供强有力的科技支撑，为推进云南省生态文明建设、构建"生物多样性宝库"和西南生态安全屏障提供可靠的数据支撑和技术保障。

著　者

2018年12月

目 录

前 言

第一章 研究背景
第一节 国际陆地生态系统定位观测网络布局及研究进展 ………………… 1
第二节 我国陆地生态系统定位观测网络布局及研究进展 ………………… 6
第三节 云南省林草资源生态监测布局与网络建设意义 …………………… 9

第二章 云南省自然社会环境及生态资源
第一节 自然条件 …………………………………………………………… 20
第二节 社会环境 …………………………………………………………… 25
第三节 环境质量 …………………………………………………………… 26
第四节 林草资源 …………………………………………………………… 28

第三章 云南省林草资源生态连清体系监测布局
第一节 布局原则 …………………………………………………………… 34
第二节 布局依据 …………………………………………………………… 36
第三节 布局方法 …………………………………………………………… 37
第四节 生态站布局 ………………………………………………………… 66

第四章 云南省林草资源生态连清体系监测网络建设与管理
第一节 林草资源生态连清技术体系构建 ………………………………… 89
第二节 林草资源生态连清体系研究内容 ………………………………… 118
第三节 林草资源生态连清体系监测网络建设 …………………………… 120
第四节 林草资源生态连清监测网络管理体系建设 ……………………… 127

参考文献 ……………………………………………………………………… 132

附 表

表1　云南省生态功能区划 …………………………………………………137

表2　云南省生态功能类型区 ………………………………………………155

表3　《森林生态系统长期定位观测指标体系》（GB/T 35377—2017）…………156

附 件

中国森林生态系统服务评估及其价值化实现路径设计 ……………………170

第一章
研究背景

第一节 国际陆地生态系统定位观测网络布局及研究进展

一、国际陆地生态系统定位观测网络研究进展

生态系统作为生物与环境不可分割的整体,为人与自然等生命共同体提供系统支持,更和人类福祉息息相关(Constanza et al., 1997;张永民,2007)。生态系统的长期定位观测对解决人类当前面对的环境污染、气候变化和生物多样性丧失等显著威胁,恢复人类活动与自然之间的平衡至关重要。世界上许多国家已开展了生态系统长期定位观测,为解决生态学、环境科学、全球气候变化与影响、可持续发展等重要理论和实践问题提供了丰富的基础数据。

长期定位试验的研究可以追溯到英国于1943年建立的洛桑试验站(Rothamsted Experimental Station),其是世界上著名的农业生态系统研究站,主要开展土壤肥力与肥料效益的相关研究,至今已积累了175余年的观测数据(王兵等,2004)。目前世界上已持续观测60年以上的长期定位试验站有30多个,主要集中在苏联、美国、日本、印度等国家。这些被称为"经典"的长期定位试验,对土壤—植物系统中养分循环和平衡的影响,进行了长期系统的观测研究,作出了科学的评价。

森林生态系统的定位观测始于1939年美国Laguillo试验站对南方热带雨林生态系统结构和功能的研究。著名的研究站还有美国的Baltimore生态研究站、Hubbard Brook试验林站和Coweeta水文实验站等,Hubbard Brook试验林站重点研究森林和水文生态系统,开创了国际上基于集水区的技术和方法研究生态系统过程的先河,为理解和揭示温带森林生态系统的生态、水文、能量和生物地球化学过程作出了重要贡献(杨萍等,2020)。近年来,为应对全球变化观测需要,许多国家纷纷加快了森林生态站(试验站)的建设步伐。湿地生态系统定位观测研究起步较早,20世纪初,苏联在爱沙尼亚建立了第一个以沼泽湿地为研究对象的生态研究站。20世纪中叶以后,随着人们对湿地功能和价值的进一步认识,湿地研究备受重视,许多国家也相继建立了不同湿地类型的生态研究站。荒漠生态系统的定位研究可以追溯到20世纪初，苏联在卡拉库姆沙漠建立了列别捷克站。随后，其他一些受荒漠化危害严重的国家，也陆续建立了观测站点，对土地退化和荒漠化治理开展研究。

1972年"联合国人类与环境会议"和1992年"联合国环境与发展大会"以后，生态系统观测研究在世界各国得到了迅猛发展。随着人们对全球气候变化等重大科学问题的日益关注，伴随着网络和信息技术的飞速发展，生态系统观测研究已从基于单个生态站的长期观测研究，向跨国家、跨区域、多站参与的全球化、网络化观测研究体系发展。美国、英国、加拿大、波兰、巴西、中国等国家以及UNDP、UNEP、UNESCO、FAO等国际组织都独立或合作建立了国家、区域或全球性的长期监测研究网络（表1-1）。在国家尺度上主要有美国长期生态系统研究网络（United States Long-Term Ecological Research，US-LTER）（Hobbie et al., 2003）、美国国家生态观测站网络（National Ecological Observatory Network, NEON）、英国环境变化网络（Environment Change Network，ECN）（Miller et al., 2001）、加拿大生态监测和评估网络（Ecological Monitoring and Assessment Network（Canada），EMAN）（Vaughan et al., 2001）、澳大利亚陆地生态系统研究网络（Terrestrial Ecosystem Research Network，TERN）等；在区域尺度上主要有亚洲通量观测网络（AsiaFlux）、欧洲生态系统观测与实验研究网络（AnaEE）和欧洲集成碳观测系统（Integrated Carbon Observing System, ICOS）等；在全球尺度上主要有全球陆地观测系统（Global Terrestrial Observing System, GTOS）、全球气候观测系统（Global Climate Observing System, GCOS）、全球海洋观测系统（Global Ocean Observation System, GOOS）和国际长期生态学研究网络（International Long Term Ecological Research Network, ILTER）、全球通量观测网络（FLUXNET）以及国际生物多样性观测网络(The Group on Earth Observations Biodiversity Observation Network, GEO·BON)、全球地球关键带观测实验研究网络（CZO）等。观测研究对象几乎囊括了地球表面的所有生态系统类型，涵盖了包括极地在内的不同区域和气候带。

表1-1 国内外主要生态系统观测研究网络

序号	网络名称	简称	所属国家或组织
1	联合国陆地生态系统监测网络	TEMS	联合国环境组织
2	美国长期生态学研究网络	US-LTER	美国
3	美国国家生态观测网络	NEON	美国
4	英国环境变化网络	ECN	英国
5	加拿大生态监测和评估网络	EMN	加拿大
6	哥斯达黎加长期生态学研究网络	CRLETR	哥斯达黎加
7	捷克长期生态学研究项目	CLTER	捷克
8	匈牙利长期生态学研究网络	HTER	匈牙利
9	波兰长期生态学研究网络	PLTER	波兰
10	韩国长期生态学研究网络	KLTERN	韩国

(续)

序号	网络名称	简称	所属国家或组织
11	巴西长期生态学研究网络	BLTER	巴西
12	墨西哥长期生态学研究网络	MLTERN	墨西哥
13	委内瑞拉长期生态学研究网络	VLTERN	委内瑞拉
14	乌拉圭长期生态学研究网络	ULTERN	乌拉圭
15	中国生态系统研究网络	CERN	中国
16	中国森林生态系统研究网络	CFERN	中国
17	中国台湾长期生态学研究网络	TERN	中国
18	瑞士森林生态系统观测网络	SFEON	瑞士

国际上众多国家尺度的长期监测网络中，美国长期生态学研究网络（US-LTER）和英国环境变化监测网络（ECN）最为著名，取得了一系列重要成果，并在国家资源、环境管理政策的制定和实施方面得到应用。

US-LTER 建于1980年，是世界上建立最早、覆盖生态系统类型最多的国家长期生态研究网络，由代表森林、草原、农田、湖泊、海岸、极地冻原、荒漠和城市生态系统类型的26个站点组成。监测指标体系囊括了生态系统各类要素，包括生物种类、植被、水文、气象、土壤、降雨、地表水、人类活动、土地利用和管理政策等（National Science Foundation, 2016）。主要研究内容包括：①生态系统初级生产力格局；②种群营养结构的时空分布特点；③地表及沉积物有机物质聚集的格局与控制；④无机物及养分在土壤、地表水及地下水间的运移格局；⑤干扰的模式和频率（Vihervaara et al., 2013）。US-LTER 的突出特点是注重观测的标准化，制订了有效的度量标准，实施标准化测量，如《长期生态学研究中的土壤标准方法》《初级生产力监测原理与标准》《环境抽样的ASTM标准》《生物多样性的测量与监测：哺乳动物的标准方法》等，同时也非常注重监测数据的规范化共享（丁访军，2011）。在 US-LTER 基础上，2000年美国国家基金委员会（NSF）提出建立"美国国家生态观测站网络（NEON）"的设想，目标是针对美国国家层面所面临的重大环境问题，利用最先进的仪器和装备，在区域至大陆尺度上开展生态系统的观测、研究、试验和综合分析；在组成结构上，先按照植被分区图划分为17个区域网络，每个区域网络由1个核心站和若干卫星站构成；17个区域网络组成国家网络（赵士洞，2005），如图1-1。

图1-1 NEON 集成观测体系覆盖地区尺度到大陆尺度

ECN 建立于 1992 年，1993 年开始陆地生态系统监测，1994 年起开始监测淡水生态系统（Sier，2016）。该网络由 12 个陆地生态系统监测站和 45 个淡水生态系统监测站组成（包括河流站点 29 个、湖泊站点 16 个），覆盖了英国主要环境梯度和生态系统类型。其突出特点是非常重视监测工作，对所有监测指标都制定了标准的 ECN 测定方法，同时也形成了非常严格的数据质控体系，包括数据格式、数据精度要求、丢失数据处理、数据可靠性检验等。所有监测数据都建立中央数据库系统进行集中管理、共享。在监测指标上，ECN 不追求监测生态系统全部要素指标，而是根据自然生态系统类型和特点来确定监测指标体系，如陆地生态系统监测指标在类型上包括气象（自动气象站 13 项、标准气象站 14 项），空气（二氧化氮），降水（14 项），地表水（15 项），土壤（15 项），有脊椎和无脊椎动物，植被类型与土地利用变化；淡水生态系统监测指标在类型上有地表水（34 项），地表径流量，浮游植物（种类、丰富度、叶绿素 a），大型水生植物（种类和丰富度），浮游动物（种类和丰富度），大型无脊椎动物（种类、丰富度、畸形程度）等（Dick et al.，2016）。

目前，国际陆地生态系统定位观测研究网络注重在地球观测系统内建立数据共享系统，注重全球合作和信息交流。生态系统观测研究已经从单纯的科研过程发展成为政府决策或社会服务提供决策依据的信息渠道，并日益得到政府和社会的关注和重视。

二、国际生态系统定位观测网络布局进展

就国际上现有的生态系统定位观测网络而言，多数网络是由单独台站发展及其相互合作而产生，并非根据不同尺度和不同需求从整体进行布局；因而时常出现台站隶属于不同的部门进行管理和数据采集，造成数据之间具有较大差异。因此，根据网络观测目的，对台站进行合理规划布局，从而在整体上对网络进行规划，是目前网络建设的发展方向，也是构建生态系统长期定位观测网络必须解决的问题。

在众多网络中，美国于 2000 年在国家科学基金（NSF）的支持下建立的美国国家生态站观测网络（National Ecological Observatory Network，NEON）（Hanson，2003）的布局体现了"典型抽样"的思想，对国家或区域尺度上建立生态系统观测网络的布局具有一定的借鉴意义。

NEON 通过在典型的能够反映美国客观环境变化的区域布设观测网络来实现（Senkowsky，2003），它包含 20 个生物气候区，覆盖相连的 48 个州，以及阿拉斯加、夏威夷和波多黎各。每个区域代表一个独特的植被、地形、气候和生态系统（Carpenter et al.，1999）。区域边界依据多源地理聚类法（Multivariate Geographic Clustering，MGC）确定（Hargrove and Hoffman，1999；Hargrove and Hoffman，2004），数据由 William 和 Forrest Hoffman of the Oak Ridge National Laboratory 提供。NEON 由两个层次构成：第一层次为一级区域网络，根据 MGC 将全国划分为 20 个区域，每个区域内的研究机构、实验室和野外观测站组成的 20 个区域网络；第二层次是由一级区域网络组成的国家网络（Committee on the National Ecological

Observatory Network，2004；赵士洞，2005)，具体结果如表 1-2。NEON 用来确定分区的分析结果，为遴选 NEON 的核心站点提供了重要的标准（表 1-3），这些站点将构成系统的长期观测基准。同时，它们也是用于研究气候变化影响的主要站点，以及研究导致生态变化和胁迫力的其他因素的参照站点。

表 1-2　NEON 核心站及其科研主题

分区编号	分区名称	候选核心野外站点	科研主题	纬度(°)	经度(°)
1	东北区	Harvard 森林站	土地利用和气候变化	42.537	-72.173
2	大西洋中部区	Smithsonian 保育研究中心	土地利用和生物入侵	38.893	-78.140
3	东南区	Ordway-Swisher 生物研究站	土地利用	29.689	-81.993
4	大西洋新热带区	Guánica 森林站	土地利用	17.970	-66.869
5	五大湖区	圣母大学环境研究中心和 Trout 湖生物研究站	土地利用	46.234	-89.537
6	大草原半岛区	Konza 草原生物研究站	土地利用	39.101	-96.564
7	阿巴拉契亚山脉/坎伯兰高原区	橡树岭国际研究公园	气候变化	35.964	-84.283
8	奥扎克杂岩区	Talladega 国家森林站	气候变化	32.950	-87.393
9	北部平原区	Woodworth 野外站	土地利用	47.128	-99.241
10	中部平原区	中部平原试验草原站	土地利用和气候变化	40.816	-104.745
11	南部平原区	Caddo-LBJ 国家草地站	生物入侵	33.401	-97.570
12	落基山脉以北区	黄石北部草原站	土地利用	44.954	-110.539
13	落基山脉以南/科罗拉多高原区	Niwot 草原	土地利用	40.054	-105.582
14	西南沙漠区	Santa Rita 试验草原站	土地利用和气候变化	31.911	-110.835
15	大盆地区	Onaqui-Benmore 试验站	土地利用	40.178	-112.452
16	太平洋西北区	Wind River 试验森林站	土地利用	45.820	-121.952
17	太平洋西南区	San Joaquin 试验草原站	气候变化	37.109	-119.732
18	冻土区	Toolik 湖泊研究自然区	气候变化	68.661	-149.370
19	泰加林区	Caribou-Poker Creek 流域研究站	气候变化	65.154	-147.503
20	太平洋热带区	夏威夷 ETFLaupahoehoe 湿润森林站	生物入侵	19.555	-155.264

通过计算每个分区的质心与每个潜在站点之间生态气候空间内的生态距离，NEON 对科学界所提出的各个分区内的潜在核心站点状况进行了评估。NEON 通过确定潜在站点的位置，并与生态气候栅格数据对应，确保所遴选的站点按照定量比较结果在该分区内最有代表性。

此外，NEON 依据一系列标准（表 1-3）对这些站点进行了评估，将每个分区最具代表性的站点确定为核心站点。组成 NEON 的每一个区域网络的单位被分为核心站（core site）和再定位站（relocatable site），它们共同构成一个覆盖所在区域内不同生态类型的网络。在每个区域网络中，只有一个核心站，它将具有全面、深入开展生态学领域的研究工作所需的野外设施、研究装备和综合研究能力。通过核心站和再定位站的设计，能够进行区域内的比较。

表 1-3　NEON 核心站点遴选标准

分区编号	标准内容
标准1	最能代表该分区特征（植被、土壤/地貌、气候和生态系统特性）的野外站点
标准2	临近可重新定位的站点，这些站点可以针对包括分区内的连通性等区域性和大陆尺度的科学问题进行观测研究
标准3	这些站点全年均可进出，土地权属30年以上，领空权不受限制以便定期开展空中调查，可作为潜在的试验站点

第二节　我国陆地生态系统定位观测网络布局及研究进展

一、我国陆地生态系统定位观测网络研究进展

我国生态系统定位观测起步较晚。为了揭示陆地生态系统结构与功能，从 20 世纪 50 年代末至 60 年代初，我国开始建设陆地生态系统定位观测研究站（以下简称生态站）。经过几十年的发展，到 2020 年初步形成了以森林、湿地、荒漠、竹林和城市生态系统为一体的陆地生态系统定位观测研究网络，标志着生态系统定位观测研究与建设进入了一个新的发展阶段。在此期间，草原生态站建设也进入了起步阶段，并纳入陆地生态系统定位观测研究网络。我国生态系统定位观测研究网络主要有两个：国家林业和草原局下属的国家陆地生态系统定位观测研究站网络（Chinese Terrestrial Ecosystem Research Network，CTERN）和中国科学院下属的中国生态系统研究网络（Chinese Ecosystem Research Network，CERN）。

截至 2020 年 1 月，隶属于国家林业和草原局的 CTERN 已批准建立 202 个生态站，涉及森林、湿地、荒漠、草原和城市等生态系统类型，承担着长期生态数据积累、生态工程效益监测、生态系统服务功能评估和重大科学问题研究等任务，在推动国家生态保护和建设及社会可持续发展中发挥着重要的作用。其中，森林生态系统定位观测研究网络（Chinese Forest Ecosystem Research Network，CFERN）由分布于全国典型森林植被区的 106 个森林生态站组成，成为横跨 35 个纬度的全国性观测研究网络（Niu et al.，2013a），主要对我国森林生态系统水文、土壤、大气、植被等要素开展长期、系统定位观测。CFERN 通过采用生态梯度耦合的研究方法，积累大量的数据，研究了中国森林生态系统的结构、功能规律及反馈机理，并探讨了森林生态系统变化对中国社会经济发展的影响（Franklin et al.，1990；徐德应，

1994；蒋有绪，2000；王兵等，2004）。此外，以长期定位观测站点为基础，开展了区域和全国范围的大尺度森林生态系统监测和生态环境变化趋势研究，为解决碳排放和水资源等热点问题提供强有力的决策依据（Niu et al.，2013b；Wang et al.，2012，2013a，2013b；Xue et al.，2013；王兵和宋庆丰，2012）。

中国科学院下属的 CERN 包括 16 个农田生态系统试验站、11 个森林生态系统试验站、3 个草地生态系统试验站、3 个沙漠生态系统试验站、1 个沼泽生态系统试验站、2 个湖泊生态系统试验站、3 个海洋生态系统试验站、1 个城市生态系统试验站，并形成水分、土壤、大气、生物、水域生态系统 5 个学科分中心和 1 个综合研究中心，进行综合管理。

此外，中国水利、农业、环境保护等行业也根据各自业务需要建立了相应的生态环境监测网络，如水利部门的水土保持监测网络，由国家水利部水土保持监测中心、7 大流域监测中心站、31 个省级监测总站、175 个重点地区监测分站以及分布在不同水土流失类型区的典型监测点构成了覆盖全国的水土保持监测网络；国家农业农村部的生态环境监测网由全国农业环境监测网络、渔业生态环境监测网络和草原生态环境监测网络构成，分别负责农业、渔业以及草原的例行监测与管理；国家生态环境部以国家环境监测网为主，主要目的是监测各种污染源排放状况及潜在的环境风险。

国内外科学实践证明：森林生态站是林业科技创新的重要源头，是林业科技创新体系不可缺少的重要组成部分；森林生态站可为有效保护和建设生态环境、合理利用自然资源、发展可持续林业、减灾防灾、应对气候变化、参与国际谈判和履行国际公约等提供科学依据，为满足国家需求作出突出贡献；森林生态站还可为人才培养、弘扬科学精神、推动国际合作发挥重要作用。人们已经认识到，森林生态站与室内实验室在功能上可以互补，两者具有同等重要的地位，同时森林生态站又是实验室不可替代的。因此，森林生态站又被誉为"野外实验室"。

二、我国陆地生态系统定位观测网络布局进展

在 NEON 的布局借鉴下，郭慧等（2014）根据森林生态系统长期定位观测台站布局的特点，提出了我国森林生态系统定位观测台站布局的原则、方法和步骤。通过对中国典型生态地理区划进行对比分析，选择适合构建森林生态系统长期定位观测研究台站布局区划的指标。在"典型抽样"思想指导下，通过分层抽样、空间叠置分析，集合地统计学方法，将 GIS 的空间分析功能整合应用到森林生态系统长期定位观测网络布局的研究中，并对森林生态系统长期定位观测网络布局监测范围和站点数量的合理性进行了重新评估。

研究从森林、重点生态功能区和生物多样性保护优先区 3 个角度，对国家尺度的森林生态长期定位观测网络的生态站监测区域进行合理性分析。采用复杂区域均值模型（mean of surface with non-homogeneity，MSN）对我国森林生态长期定位观测网络布局和合理性进

行分析的研究表明，我国森林生态系统长期定位观测网络将我国森林划分为 147 个分区，共规划森林生态站 190 个，其中有已建森林生态站 88 个（2013 年年底），规划待建森林生态站 102 个。补充完善的 102 个森林生态站代表了 94 个中国森林生态地理区。此外，根据国务院规定的分区，通过城市级别、人口密度、GDP 和污染程度等指标布设 12 个城市森林生态站，研究以中国森林台站布局区划为基础，以生态功能区为参照，布局了中国森林生态系统长期定位观测网络，为世界上其他生态网络的布局和构建提供了方法依据。

从重大林业生态工程尺度上，郭慧等（2014）综合温度、水分和森林区划并结合退耕还林工程分区、已有森林生态站和 DEM 数据，与 GIS 空间分析相耦合构建了退耕还林工程长期定位观测网络。该网络包含 148 个退耕还林监测区，共布设 166 个监测站，其中已经建设 68 个，计划建设 9 个。利用全国退耕还林工程县级单位数据对网络规划布局结果进行精度评价，总精度达到 97.96%，同时指出了不同退耕还林区生态效益监测的主要生态功能监测侧重点。该网络可以实现对中国退耕还林工程区内生态要素的连续观测与清查，其结果为退耕还林工程的生态效益评估提供数据支撑，并为辅助决策分析提供科学依据。

三、省域尺度森林生态系统定位观测网络布局研究进展

近年来，我国在省（自治区、直辖市）域尺度上也开展了森林生态系统定位观测网络的研究和建设。例如，湖北、上海、山西、浙江、甘肃和广东等都已开展了相关工作，并且初具规模。

在省域尺度上，郭慧等（2014）以湖北省为例开展了森林生态系统长期定位观测网络布局的研究。首先设计了森林生态系统定位观测研究网络的指标体系，基于球状模型进行普通克里格插值，与 GIS 的空间叠置分析相耦合，构建了湖北省森林生态系统长期定位观测网络；其次从监测范围、站点密度和决策应用 3 个方面进行空间分析。结果表明：该网络将湖北省划分成 21 个分区，布设 21 个森林生态站，其中计划建设 17 个森林生态站，已经建设 4 个森林生态站。网络布局结果不仅可以监测湖北省 96.53% 的森林面积，96.79% 的功能区面积和 99.62% 的生物多样性保护优先区面积，而且 12 个森林生态站分布与湖北省 4 个重点生态功能区和 3 个生物多样性保护优先区相匹配。该网络主要针对湖北省森林生态要素进行调查，为湖北省森林生态服务和生态效益评估及省内重大生态工程提供数据基础。

上海市森林生态连清体系监测网络由上海市林业总站与中国林业科学研究院王兵研究员的科研工作团队合作完成，涵盖了上海森林生态系统定位观测网络布局情况及森林生态系统定位观测等多方面的内容。采用空间抽样与地统计学相结合的方法，结合实地情况，遵守建站选址原则，确定了 12 个代表不同林分与环境特征的森林生态站点位置，体现了上海城市森林特点和地方特色，实现了上海市森林生态监测网络"多功能组合、多站点联合、多尺度拟合、多目标融合"的目标，同时使人们深入地了解上海在推进美丽中国和生态文明建设

中所开展的相关研究工作及所取得的重要成果。

广东省于2003年开始启动森林生态系统定位研究网络项目建设，截至2019年，已在东江、西江、北江、韩江等重点流域及南岭、沿海、珠三角等区域的不同生态类型区（森林、湿地、城市）逐步建立了生态观测站14个，其中国家级生态站12个、省级生态站2个，另有省级监测点14个。目前，为适应新时代广东林业发展需求，引领林业生态监测优势，CFERN团队依据"生态文明"与"美丽中国"建设对广东林业生态发展的新要求，依托生态连清体系，结合广东省自然、社会、经济状况及林业生态资源现状，以优化结构、科学布局、整合资源、开放共享、前瞻性为布局原则，开展林业生态连清监测网络布局与建设研究。研究结果表明，广东省林业生态连清监测网络共布设生态站35个，其中森林生态站15个，湿地生态站7个，城市生态站12个，石漠生态站1个。其中，已建森林生态站8个，在建森林生态站2个，拟建森林生态站5个；已建湿地生态站1个，在建湿地生态站1个，拟建湿地生态站5个；已建城市生态站2个，在建城市生态站3个，拟建城市生态站7个；拟建石漠生态站1个（王兵等，2020）。通过该监测网络可实现对全省森林、湿地、城市和石漠生态系统的长期定位观测与研究。

另外，浙江省已经建立了包括5个国家级和8个省级生态站的省级生态观测研究网络，初步建成了覆盖全省主要流域、重要区位、典型植被类型的定位研究体系。吉林省规划至2020年建立森林、湿地、沙地监测站14个，形成较为完善的省级生态观测网络（王兵等，2014）。河南省规划并建立由生态站构成的河南省森林生态系统定位研究网络，并依托河南省林业科学研究院成立了网络管理中心。内蒙古自治区也已经规划在其境内对国家生态环境观测网络进行加密生态站建设，建立符合本区域生态环境功能的生态观测网络。此外，四川省、新疆维吾尔自治区等省（自治区）也初步具备了省级陆地生态系统定位研究网络的雏形，其他省份也在进行各自相应的研究或规划工作。

总而言之，我国国家尺度和省域尺度上的生态系统定位观测网络已迈入了稳步发展的新阶段，而处在信息技术高速发展、"互联网+"成为国家发展战略、生态站实时监测和累积数据量大的新时期，对生态系统定位观测网络的建设与发展提出了新要求，即：将生态站与信息技术相结合，建设"互联网+生态站"，以期推动生态系统定位观测由仪器设备采集并长期存储数据的2.0时代向"互联网+生态站"的实时数据传递云存储的3.0时代转换，进而实现生态站的信息化以及生态站之间的互联互通，数据共享。

第三节　云南省林草资源生态监测布局与网络建设意义

一、林草资源生态监测网络建设现状

云南省生态定位监测网络建设开始于20世纪50年代末，近几年来，在中国科学院和

国家林业和草原局的大力支持下，云南省生态监测站网建设取得了较大进展。为进一步加快生态站网建设与发展，在《国家林业局陆地生态系统定位研究网络中长期发展规划（2008—2020年）》框架下，云南省林业和草原局组织编制了《云南生态定位研究网络建设发展规划（2013—2020年）》，规划提出到2020年，建成布局合理、类型齐全、条件完备、机制完善的生态系统定位研究站的建设目标。截至目前，云南省现已建设森林、草地、荒漠化和湿地为主的生态定位研究站15个，17个国家级保护区开展了生物多样性监测，5处湿地启动了生态监测工作，全省初步建立了以生态定位观测网络为主体、自然保护区和湿地监测为补充的网络监测体系。

（一）生态定位站

在中国科学院和国家林业和草原局的大力支持下，云南省目前已建设生态系统定位观测研究站15个，按生态系统类型分，有森林生态站9个，草原生态站1个，湿地生态站1个，荒漠生态站4个，见表1-4。

表1-4　云南省生态系统定位研究站

类型	已建站	管理单位	地点
森林生态站	西双版纳森林生态系统国家野外科学观测研究站（CERN西双版纳站）	中国科学院西双版纳热带植物园	云南省西双版纳傣族自治州勐腊县勐仑镇
	哀牢山森林生态系统国家野外科学观测研究站（CERN哀牢山站）	中国科学院	哀牢山国家级自然保护区
	丽江森林生态系统国家野外科学观测研究站（CERN丽江站）	中国科学院昆明植物研究所	丽江高山植物园
	高黎贡山森林生态系统国家定位观测研究站（CFERN高黎贡山站）	云南省林业和草原科学院	高黎贡山国家级自然保护区
	玉溪森林生态系统国家定位观测研究站（CFERN玉溪站）	云南磨盘山国家森林公园管理所	云南省玉溪市新平彝族傣族自治县桂山镇
	普洱森林生态系统国家定位观测研究站（CFERN普洱站）	中国林业科学研究院资源昆虫研究所	云南省普洱市思茅区南屏镇
	滇中高原森林生态系统国家定位观测研究站（CFERN滇中高原站）	云南省林业和草原科学院	云南省昆明市西山区海口镇海口林场
	滇东南热带山地森林生态系统定位研究站（CERN滇东南站）	中国科学院昆明植物研究所	云南省屏边县
	云南滇南竹林生态系统国家定位观测研究站（CFERN滇南站）	国际竹藤中心	普洱亚洲竹藤博览园
草原生态站	香格里拉草原生态系统国家定位观测研究站	中国林业科学研究院资源昆虫研究所	云南省香格里拉市
湿地生态站	滇池湿地生态系统国家定位观测研究站（CWERN滇池站）	西南林业大学/国家高原湿地研究中心	云南省晋宁区滇池南岸
荒漠生态站	元江干热河谷生态站（CERN元江站）	中国科学院西双版纳热带植物园	云南省元江县
	广南石漠生态系统国家定位观测研究站（CDERN广南站）	云南省林业和草原科学院	云南省广南县

(续)

类型	已建站	管理单位	地点
荒漠生态站	建水荒漠生态系统国家定位观测研究站（CDERN建水站）	北京林业大学	云南省红河哈尼族彝族自治州建水县
	元谋荒漠生态系统国家定位观测研究站（CDERN元谋站）	中国林业科学研究院资源昆虫研究所	云南省元谋县

注：CERN为中国科学院成立的中国生态系统研究网络；CFERN、CWERN、CDERN分别为国家林业和草原局中国陆地生态系统定位研究网络（CTERN）中的森林生态系统研究网络、湿地生态系统研究网络及荒漠生态系统研究网络。

（二）自然保护区

在自然保护区方面，云南省自1958年建立首个保护区（西双版纳自然保护区）以来，至今已建立自然保护区162个。其中，国家级21个、省级38个、市级57个、县级46个。林业部门管理的有17个国家级自然保护区和35个省级自然保护区，基本形成了布局较为合理、类型较为齐全的自然保护区网络体系。截至2016年年底，林业部门管理的17个国家级自然保护区均已制定了监测计划（表1-5），大部分国家级自然保护区完成了基线调查。

表1-5 云南省国家级自然保护区

序号	名称	类型	主要保护对象
1	西双版纳国家级自然保护区	森林生态	热带雨林、热带季雨林、季风常绿阔叶林森林生态系统和亚洲象、望天树等珍稀野生动植物
2	南滚河国家级自然保护区	野生动物	亚洲象、印支虎、白掌长臂猿、豚鹿等珍稀野生动物及其栖息的热带森林生态系统
3	高黎贡山国家级自然保护区	森林生态	中山湿性常绿阔叶林、季风常绿阔叶林生态系统和羚牛、白眉长臂猿、多种兰科植物等珍稀野生动植物
4	白马雪山国家级自然保护区	野生动物	滇金丝猴及其栖息的多种冷杉属树种为优势的寒温性针叶林生态系统
5	哀牢山国家级自然保护区	森林生态	以云南特有树种为优势的中山湿性常绿阔叶林生态系统和黑冠长臂猿等珍稀野生动植物、候鸟迁徙地
6	文山国家级自然保护区	森林生态	以木兰科植物为标志的滇东南岩溶中山南亚热带季风常绿阔叶林原始类型和亚热带山地苔藓常绿阔叶林原始自然景观，以及珍稀濒危植物种
7	黄连山国家级自然保护区	森林生态	热带季节雨林、山地雨林、季风常绿阔叶林、山地苔藓常绿阔叶林生态系统和绿春苏铁、白颊长臂猿、西黑冠长臂猿、印支虎、马来熊等为代表的珍稀濒危物种及其栖息地生态环境
8	大围山国家级自然保护区	森林生态	热带湿润雨林以及完整的热带山地森林生态系统，保护其生物多样性及其环境和现有的原始森林生态系统；保护以苏铁、桫椤、望天树、龙脑香、伯乐树、毛坡垒等为代表的国家重点保护野生植物和多种兰科植物，以及以蜂猴、云豹、黑熊、黑冠长臂猿等为代表的国家重点保护野生动物
9	金平分水岭国家级自然保护区	森林生态	山地苔藓常绿阔叶林生态系统和珍稀野生动植物
10	无量山国家级自然保护区	野生动物	以西黑冠长臂猿和灰叶猴为主的珍稀濒危野生动物资源及亚热带中山湿性常绿阔叶林森林生态系统

(续)

序号	名称	类型	主要保护对象
11	大山包黑颈鹤国家级自然保护区	湿地生态	黑颈鹤及其越冬栖息的高原湿地生态系统
12	药山国家级自然保护区	森林生态	原生典型半湿润常绿阔叶林和亚高山沼泽化草甸湿地生态系统，珍稀野生动植物和野生药用植物资源
13	永德大雪山国家级自然保护区	森林生态	以中山温性常绿阔叶林为代表的南亚热带山地垂直带自然生态系统及珍稀特有野生动植物。我国纬度最南的苍山冷杉林
14	轿子山国家级自然保护区	森林生态	寒温性针叶林、中山湿性常绿阔叶林生态系统，珍稀野生动植物
15	元江国家级自然保护区	森林生态	干热河谷稀树灌木草丛，亚热带森林生态系统
16	云龙天池国家级自然保护区	野生动物	以滇金丝猴为旗舰种的珍稀濒危野生动物资源及其栖息环境
17	乌蒙山国家级自然保护区	森林生态	保护森林生态系统，保护珍稀濒危动植物物种资源及其栖息地，保护云贵高原湿地的代表类型

（三）湿地生态监测网络

《云南湿地生态监测规划（2015—2025）》提出建成省湿地生态监测研究中心 1 个、湿地生态监测站 12 个、湿地生态监测点 20 个的目标。2016 年启动了大山包、拉市海、碧塔海、洱源西湖、丘北普者黑等 5 处湿地生态监测工作，2016 年年底开展了第一次系统的湿地生态监测工作。

二、生态监测网络运行现状

（一）取得的成就

一是生态监测网络建设已经起步。目前，生态站点在基础设施、观测水平、创新研究、特别是在森林生态系统服务功能评估等方面已形成一批观测研究成果，为准确评价云南省林业生态工程建设成效、宣传林业功能和作用、应对气候变化提供了基础数据和重要支撑。同时，通过现有站点的建设及运行，为云南省生态定位监测网络建设提供了较为坚强的技术储备。

二是培养了一支生态定位监测研究人才队伍。通过中国科学院西双版纳热带植物园、中国科学院昆明植物所、西南林业大学、中国林业科学研究院资源昆虫研究所、云南省林业和草原科学院等单位的共同努力，培养了一支专业技术过硬、管理水平较高的生态定位监测研究队伍。

三是形成了一套较为完善的科学评估手段。国家已形成集森林、湿地、荒漠化为一体的建站技术标准、监测指标体系标准、长期定位观测标准、观测数据管理标准及应用标准体系的建设方案。通过生态站的长期、连续的观测研究，云南省于 2011 年首次运用国家森林生态系统服务功能评估的理论和方法，从物质量和价值量两个方面，对云南省森林生态系统的涵养水源、保育土壤、固碳释氧、林木养分固持、净化大气环境和生物多样性保护 6 个功能进行了评估；2013年开展了云南省生态足迹与生态承载力研究，形成了云南省首个生态文明评价报告《云南省生态足迹与生态承载力评估报告》；2015年完成了滇东北会泽县退耕还林生态效益调查，开展了全省生态价值外溢研究工作，完成了《云南省森林生态系统服务功能价值评估报告（2015年）》和《云南省生物多样性价值评估报告（2015年）》。这些工作的开展为自然生态系统的监测和评价积累了宝贵经验。

（二）存在的问题

云南省生态监测网络建设取得了一定的成就，同时也面临着困难和亟待解决的问题。一是生态系统定位监测站点建设进展缓慢。目前监测站点仅建成15个生态定位站，与《云南省生态定位研究网络建设发展规划（2013—2020年）》中提出的拟建48个生态定位研究站、各类补充监测点100个还有很大差距。大部分省级保护区和个别国家级保护区还没有建立起完善的监测体系，已建成能基本满足湿地生态监测需求的监测站仅有大山包、拉市海、碧塔海国际重要湿地3处；滇池生态定位站、洱源西湖和丘北普者黑国家湿地公园生态监测站正在建设中。除4个国际重要湿地、3个国家级自然保护区、4个国家湿地公园拥有一定的监测基础设施、设备外，其他相关湿地生态区未建立湿地生态监测基础设施，未配备相应的监测设备，适应不了监测工作要求。二是生态定位监测站点之间的协作、协同机制尚未建立。不同体系和站点之间在技术标准、数据互通、成果共享、监测水平等方面存在较大差距，生态监测网络协作机制不健全，难以形成生态定位监测的整体影响力。三是对生态监测网络建设经费投入不足。目前，云南省生态系统定位站的建设经费仅仅依靠中国科学院和国家林业和草原局两股投资力量，投资渠道单一，投资经费有限，运行经费难以保障，很难实现云南省生态系统定位观测研究网络站点建设目标。部分国家级自然保护区和绝大部分省级自然保护区存在监测经费不足或缺乏，监测工作难以正常开展。全省用于湿地生态监测的费用极其有限，目前仅依靠部分国家湿地保护补助资金投入、相关的科研课题，以及有限的国内国际合作项目等开展工作，严重限制了全省湿地生态监测工作的开展。

三、生态文明建设下的森林生态系统服务

森林是人类生存发展的物质基础和生态支撑，也是一个国家一个民族最大的生存资本和绿色财富，党的十八大强调，着力推进绿色发展，把资源消耗、环境损害和生态效益纳入经济社会发展评价体系。2005年，时任浙江省委书记的习近平同志在浙江安吉天荒坪镇余村考察时，首次提出了"绿水青山就是金山银山"的科学论断。经过多年的实践检验，习近平总书记后来再次全面阐述了"两山理论"，即"我们既要绿水青山，也要金山银山。宁要绿水青山，不要金山银山，而且绿水青山就是金山银山"。这三句话从不同角度阐明了发展经济与保护生态二者之间的辩证统一关系，既有侧重又不可分割，构成有机整体。"金山银山"与"绿水青山"这"两山理论"，正在被海内外越来越多的人所知晓和接受。习近平总

书记在国内国际很多场合，以此来阐明生态文明建设的重要性，为美丽中国指引方向。

2001年，我国著名森林生态学家蒋有绪院士提出，要研究可靠的方法论和建立合适的机制来评价森林对国家可持续发展的贡献（蒋有绪，2001）。那么，绿水青山如何能够成为金山银山，到底值多少金山，多少银山？回答这些问题，就需要一套科学合理、广泛适用、符合我国林情的理论方法体系，来评估森林生态系统服务功能到底能给人们带来多少价值，作为最公平的公共产品，我们能够得到多少福祉。

但长期以来，人们忽视了对于森林生态服务功能价值的认识，这种忽视使得人们过度的利用森林资源，最终导致水土流失、土地荒漠化和生物多样性减少等诸多环境问题。随着工业化进程的加剧，经济持续增长对资源和环境造成的压力越来越大，如何平衡生产发展与生态保护之间的关系成为我们面临的一项重大课题（尹伟伦，2009）。因此，评估森林的生态服务功能及价值，对反映森林重要的生态价值，宣传林业在经济社会发展中的作用等方面具有重要的现实意义，充分发挥森林生态系统的多种功能已成为推进经济社会可持续发展的重要保障。如何能更科学、客观地评估森林生态系统服务功能及价值，从而将森林巨大的生态价值更直观、准确地体现出来，引起人们对森林生态系统的重视与保护，已成为当今生态学界及林学界研究的热点之一（李文华，2014）。

中国的森林空间跨度大，立地条件丰富，森林生态系统类型多样且十分复杂，对于国家尺度上森林生态系统服务的科学评估，是一项极其复杂而又巨大的工程。自20世纪80年代以来，我国科学家就对于森林生态系统服务功能与价值评估方面进行过探索（张虎等，2009），已取得诸多进步，但仍有许多不足之处需不断进行研究完善。

（1）评价指标和方法体系的统一。2008年以前，我国学者对森林生态系统服务功能与价值评估尚处于摸索阶段，不同学者根据不同的理论体系建立不同的方法，在多个地点进行了有益的尝试。但由于森林生态系统的复杂性，目前仍然没有形成一套具有普遍意义的、完善的、系统的评价方法，这使得不同研究者对相同的森林生态系统评价结果因为采用了不同的研究方法而差异较大，缺乏可比性。过高的评估结果不能被决策者接受，而过低的评估又会遗漏某些重要的服务功能，影响评估结果的可信度。因此，迫切需要标准来规范森林生态系统服务和价值量的评估。2020年，国家林业和草原局发布了《森林生态系统服务功能评估规范》（GB 38582—2020）作为森林生态系统服务功能评估的参照标准，从宏观层面为森林生态系统的保护及科学评估提供理论指导，为未来全国林业规划与建设提供科学依据，为自然资源和环境因素纳入国民经济核算体系，最终为实现生态GDP提供基础。

（2）缺乏连续监测数据的支撑。森林生态系统服务功能及价值的评估涉及林学、生态学、经济学等诸多学科领域的内容，需要大量的基础数据。目前，由于缺乏对某些必要的森林生态系统指标连续监测数据，导致在评估效益时缺乏系统、可靠的基础数据的支撑，因而对其生态系统服务功能的部分评估数据只能采用固定数据，致使结果不能很好地反映在特定地点或特殊生态系统（如城市森林）下森林的生态系统服务功能和价值。

综上所述，亟需建立一整套的技术体系和评价方法，并以长期定位观测数据为依托，作为森林生态系统服务功能评估的基础和指南。因此，森林生态连清技术体系的创立和发展，解决了当今森林生态系统服务功能评估中的关键问题。

四、森林生态系统连续观测与清查体系的提出及其发展

森林生态系统服务功能全指标体系连续观测与清查技术（简称森林生态连清体系）是由中国林业科学研究院森林生态环境与保护研究所王兵研究员提出和倡导的。森林生态连清技术体系由野外观测连清体系和分布式测算研究体系两部分组成（图1-2），森林生态连清技术体系的内涵主要反映在这两大分体系中。野外观测连清体系是海量数据提供的保证，其基本要求是统一测度、统一计量、统一描述。特别是近年来中国森林生态系统定位观测网络（CFERN）的迅速发展，布局不断完善，森林生态站的长期监测数据为开展森林生态系统服务功能评估提供了数据支撑。每个森林生态站在获取数据后，会进行预处理和存储。这些数据具有时空连续性，其一为时间连续性，每个森林生态站均通过一定的时间频率采集观测数据；其二为空间连续性，在我国每个典型的生态区内，均布设有森林生态站。

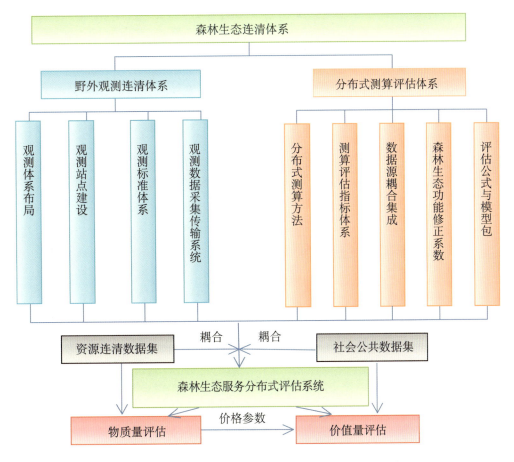

图1-2 森林生态系统连续观测与清查体系框架

海量的观测数据是开展评估工作的基础,在此基础上构建科学合理的评估规范,就可使得不同评估人员或者组织的评估结果具有可比性。由此,国家标准《森林生态系统服务功能评估规范》(GB 38582—2020)的发布,为开展基于大数据的森林生态系统功能评估提供了技术支撑。由于大数据的特殊性,传统的数据处理方法已不再适合。因此,在森林生态连清技术体系中,创新性地提出了"分布式测算研究体系",将复杂的评估过程分解成若干个测算单元,然后逐级累加得到最终的评估结果。这样可以使得每个评估单元内森林生态站观测的大数据进行综合处理,避免了更大尺度上处理大数据的繁琐步骤。

对于全国而言,分布式测算方法的具体思路:首先将全国(香港、澳门、台湾除外)按照省级行政区划分为31个一级测算单元;在每个一级测算单元中,按照优势树种组划分成49个二级测算单元;在每个二级测算单元中,再按照起源分为天然林和人工林划分2个三级测算单元;在每个三级测算单元中,按照林龄组划分为幼龄林、中龄林、近熟林、成熟林、过熟林5个四级测算单元,再结合不同立地条件的对比观测,最终确定相对均质化的生态服务评估单元。以全国森林生态系统服务评估为例,森林生态系统分布式测算研究体系框架如图1-3所示。

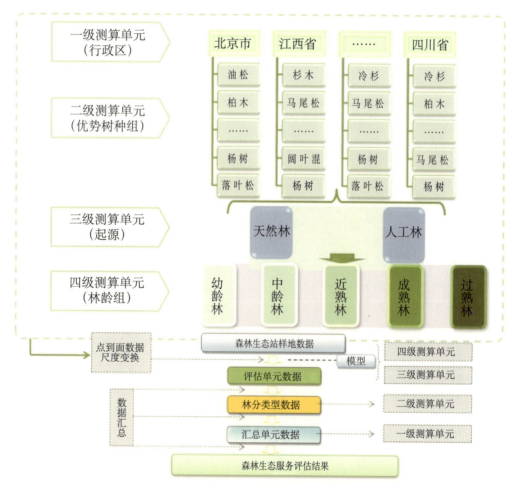

图1-3 我国森林生态连清分布式测算研究体系

分布式测算研究体系是森林生态连清精度保证体系，可以解决森林生态系统结构复杂，涉及森林类型较多，森林生态状况测算难以精确到不同林分类型、不同林龄及起源等问题。同时，也可以解决观测指标体系不统一、难以集成全国森林大数据和尺度转化难等问题。

中国森林生态系统服务评估在满足代表性、全面性、简明性、可操作性以及适应性等原则的基础上，结合第八次全国森林资源清查（2009—2013年）数据，选取保育土壤、林木养分固持、涵养水源、固碳释氧、净化大气环境、森林防护和生物多样性等7项23个指标。

评估结果又分为物质量和价值量两个部分。物质量评估主要是从物质量的角度对生态系统提供的各项服务进行定量评估，其特点是能够比较客观地反映生态系统的生态过程，进而反映生态系统的可持续性。价值量评估是指从货币价值量的角度对生态系统提供的服务进行定量评估。由于价值量评估结果都是货币值，可以将不同生态系统的同一项生态系统服务进行比较，也可以将森林生态系统的各单项服务综合起来，使得价值量更直观。

五、林草资源生态连清体系监测布局与网络建设意义

云南林草资源生态连清体系监测网络的建立，将对云南的生态系统进行长期、系统的定位观测和科学研究，揭示生态系统的结构和功能及其与环境之间的关系，监测人类活动对生态系统的冲击与调控，建立生态系统动态评价和预警体系，为自然资源保护与合理利用、社会经济发展以及环境建设提供理论基础，为建设森林云南、实施林业三大体系及六大重点生态工程建设提供科学依据。为此系统规划布局、加强云南省生态站网建设具有重大的科学意义和战略意义。总体而言，云南林草资源生态连清体系监测布局与网络建设的意义主要体现在以下几个方面：

（一）服务于重大战略地位

云南省拥有得天独厚的生态优势，立体气候丰富多样，动植物资源位居全国前列。由于特殊的地理位置，云南省的生态文明建设，既是作为我国西南生态安全屏障，又是与南亚、东南亚各国人民同为生态命运与生态利益的共同体。同时，云南省又是生态环境比较脆弱敏感的地区，保护生态环境和自然资源的责任重大。习近平总书记在云南省考察重要讲话中，要求云南省努力在生态文明建设排头兵上不断取得新进展。建设森林云南，构建生物多样性宝库和西南生态安全屏障，争当全国生态文明建设排头兵是云南省未来一段时期经济社会发展的新战略目标。通过云南省林草资源生态连清体系监测布局与网络建设，及时准确掌握林草资源现状，预测其动态变化趋势，把握生态环境的承载能力。这不仅是云南省各族人民在争当全国生态文明建设排头兵方面的创造性实践，也将对我国西南生态安全、区域、国家乃至国际生态安全产生重要的影响和辐射作用。

（二）构建生态屏障和生态安全体系建设的需要

云南省是东南亚国家和我国南方大部分省份的"水塔"，是我国乃至世界的物种和遗传基因宝库，是我国重要的碳库，是外来有害物种、疫病的天然阻隔屏障，是保护中国植物资源的重要阵地。享有"植物王国""动物王国"和"世界花园"的美誉。丰富的生物多样性对经济社会发展和区域生态功能的稳定发挥着极其重要的作用。近年来，随着社会经济的发展，云南省自然资源受到极大破坏，生态环境恶化。

建设林草资源生态连清体系监测网络，对云南省生态状况实施有效监测、科学分析、量化评估，有利于完善森林、草地和湿地等生态系统生态效益监测与评价体系，准确测算生态系统功能物质量及其价值量；有利于提出完善生态文明建设的考核机制、预警机制和政策建议；有利于完善生态环境保护与资源永续利用机制，为区域生态环境建设、维护生态安全和经济社会可持续发展提供强有力的科技支撑，为推进云南省生态文明建设，森林云南建设，构建生物多样性宝库和西南生态安全屏障提供科学依据和技术保障。

（三）服务于生态系统科学治理、精准施策的需要

近30年来，国家和云南省出台并实施了一系列重大生态保护与恢复工程，如天然林保护、退耕还林（还草）、防护林建设、水土保持、石漠化治理和自然保护区建设等。2019年，云南省森林覆盖率达到62.4%，大部分陆地自然生态系统类型在自然保护区内得到保护；六大水系主要河流干流出境跨界断面水质全部达到水环境功能要求；主要重金属污染物排放量明显下降，重金属污染防治重点区域环境质量总体稳中向好。生态保护与建设取得阶段性成效。然而，由于云南省以高原山地为主，具有山高谷深的地貌特点，使得云南省的生态环境稳定性差，生态脆弱敏感，水土流失、石漠化和矿产开发的生态破坏不容忽视，自然生态系统人工化较为严重，局部生态恶化问题依然严峻。建立全面系统的林草资源生态连清体系监测网络，以改善生态环境质量为目的，研究生态系统的结构和功能及其与环境之间的关系，监测人类活动对生态系统的冲击与调控等重大科技问题，为深入推进"七彩云南保护行动"，抓好重点生态功能区保护和以"森林云南"为重点的生态工程建设、生物多样性保护，建立生物多样性监测、评价和预警机制，建设我国重要的生物多样性宝库和生态安全屏障，提升以滇池为重点的九大高原湖泊治理保护成效，加强出境跨界河流水环境综合防治等重大决策提供科学依据。另外，云南省生态系统类型丰富，通过云南省林草资源生态连清体系监测网络的规划建设，可以有效弥补全国生态系统网络类型的不足，提升我国生态系统网络的研究水平。

（四）探索实现生态系统服务价值的需要

生态系统本身具有自我调节和维持平衡状态的能力，但随着社会、经济过程对生态系统服务功能需求的日益增加，人类活动导致生态系统功能提供服务的能力持续降低，许多学者开始意识到自然资源消耗、生态环境破坏与一个地区的经济、社会发展密不可分。对生

系统服务价值进行评估，是生态系统领域一个热点，也是一个难点。生态功能维持与价值实现是生态系统功能提升的科技保障，但在解决发展与保护的矛盾上支撑依然不足。如何将优良的生态环境和丰富的物种多样性转变为经济资源是云南省经济社会发展的重要突破口。通过生态系统服务价值的评估获得现实的经济价值和潜在生态价值是区域生态管理的重点，也是生态补偿机制确立及维护生态格局的先决条件。而林草资源生态连清体系监测网络是开展此项工作的重要平台，通过定位观测研究及生态系统价值的评估，一方面开展生态补偿，为按生态质量进行补偿提供科学数据和技术支持，进一步促进生态效益补偿机制的完善，实现环境保护和生态建设的市场化；另一方面建立生态系统服务功能及其价值评估体系和绿色GDP账户，为绿色GDP核算提供数据，由此探索将"绿水青山"转变为"金山银山"科技理论和技术方法创新，以科技支撑助力政府部门科学决策。

第二章
云南省自然社会环境及生态资源

第一节 自然条件

一、地理位置

云南,简称云或滇,地处中国西南边陲,北回归线横贯本省南部(图2-1),总面积39.4万平方千米,占全国总面积的4.1%;国内与云南省相邻的省份有四川、贵州、广西、西藏,邻国有缅甸、越南、老挝3个国家;陆地边境线长达4060多千米,是中国毗邻周边国家最多、陆地边境线最长的省份之一。

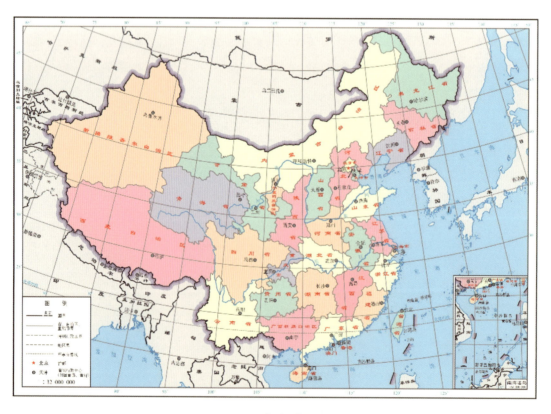

图 2-1 云南省地理位置

二、地形地貌

云南省属山地高原地形，山地面积33.11万平方千米，占全省国土总面积的84%；高原面积3.9万平方千米，占全省国土总面积的10%；盆地面积2.4万平方千米，占全省国土总面积的6.0%。地形以元江谷地和云岭山脉南段宽谷为界，分为东西两大地形区。东部为滇东、滇中高原，是云贵高原的组成部分，平均海拔2000米左右，表现为起伏和缓的低山和浑圆丘陵，发育着各种类型的岩溶（喀斯特）地貌；西部高山峡谷相间，地势险峻，山岭和峡谷相对高差超过1000米。5000米以上的高山顶部常年积雪，形成奇异、雄伟的山岳冰川地貌。全省海拔高低相差很大，最高点海拔6740米，在滇藏交界处德钦县境内怒山山脉的梅里雪山主峰卡瓦格博峰；最低点海拔76.4米，在河口县境内南溪河与红河交汇的中越界河处，两地直线距离约900千米，海拔相差6000余米。

全省地势呈现西北高、东南低，自北向南呈阶梯状逐级下降，从北到南的每千米水平直线距离，海拔平均降低6米。北部是青藏高原南延部分，海拔一般在3000~4000米之间，有高黎贡山、怒山、云岭等巨大山系和怒江、澜沧江、金沙江等大河自北向南相间排列，三江并流，高山峡谷相间，地势险峻；南部为横断山脉，山地海拔不到3000米，主要有哀牢山、无量山、邦马山等，地势向南和西南缓降，河谷逐渐宽广；在南部、西南部边境，地势渐趋和缓，山势较矮、宽谷盆地较多，海拔在800~1000米之间，个别地区下降至500米以下，主要是热带和亚热带地区。

全省河川纵横，湖泊众多。全省境内径流面积在100平方千米以上的河流889条，分属长江、珠江、红河、澜沧江、怒江、伊洛瓦底江六大水系。在云南境内的主要河流段，长江称金沙江，珠江称南盘江，红河称元江，伊洛瓦底江称大盈江；出境河流段澜沧江称湄公河，怒江称萨尔温江。红河和珠江发源于云南境内，其余为过境河流。除金沙江和南盘江外，均为跨国河流，这些河流分别流入中国南海和印度洋。多数河流具有落差大、水流湍急、水流量变化大的特点。全省有高原湖泊40余个，多数为断陷型湖泊，大体分布在元江谷地和东云岭山地以南，多数在高原区内。湖泊水域面积约1100平方千米，占全省总面积的0.28%，总蓄水量1480.19亿立方米。湖泊中滇池面积最大，为306.3平方千米；洱海次之，面积约250平方千米。抚仙湖深度全省第一，最深处为151.5米；泸沽湖次之，最深处为73.2米。

三、气候条件

云南省气候基本属于亚热带高原季风型气候，由于处在东亚季风和南亚季风交汇区域，西北又受青藏高原大地形影响，形成了复杂多样的气候条件。从南到北，云南出现北热带、南亚热带、中亚热带、北亚热带、南温带、中温带、北温带（高原气候区域）等7种气候带类型，云南省气候带种类之多在全国各个省份中是绝无仅有的。立体气候特点显著，类型众多、年温差小、日温差大、干湿季节分明、气温随地势高低垂直变化异常明显。滇西北属寒带型气候，长冬无夏，春秋较短；滇东、滇中属温带型气候，四季如春，遇雨成冬；滇南、滇西南属低热河谷区，有一部分在北回归线以南，进入热带范围，长夏无冬，一雨成秋。一般海拔高度每上升100米，温度平均递降0.6~0.7℃，有"一山分四季，十里不同天"之说，景象别具特色。这丰富多彩的气候带也是云南成为"植物王国""动物王国"的主要原因之一。从某种意义上讲，云南也是一个"气候王国"。1月的时候，当滇西北迪庆高原还是冰封雪冻的寒冬，而滇南河口、景洪等地，已是水稻返青、春意盎然的暖春时节了。

云南省平均气温，最热（7月）月均温在19~22℃之间，最冷（1月）月均温在6~8℃以上，年温差一般只有10~12℃。同日早晚较凉，中午较热，尤其是冬、春两季，日温差可达12~20℃。全省无霜期长，南部边境全年无霜，偏南地区无霜期为300~330天，中部地区约为250天，比较寒冷的滇西北和滇东北地区也长达210~220天。

全省降水在季节上和地域上的分配极不均匀。干湿季节分明，湿季（雨季）为5~10月，集中了85%的降水量；干季（旱季）为11月至次年4月，降水量只占全年的15%。全省降水的地域分布差异大，最多的地方年降水量可达2200~2700毫米，最少的仅有584毫米，大部分地区年降水量在1000毫米以上。

四、土壤条件

云南省的土壤共分为7个土纲14个亚纲18个土类34个亚类145个土属288个耕地土种。据云南省第二次土壤普查统计，全省铁铝土纲红壤系列的土壤占56.55%，其中砖红壤占1.96%，赤红壤占56.55%，红壤占32.27%，黄壤占6.51%；淋溶土纲棕壤系列的土壤占19.27%，其中黄棕壤占8.40%，棕壤占7.20%，暗棕壤占1.86%，棕色针叶林土占1.81%；初育土纲面积占18.2%，其中紫色土占14.07%，石灰岩土占3.09%，新积土占0.98%，少量火山灰土；人为土纲水稻土占2.6%；半淋溶土纲燥红土及少量褐土占1.42%；水成土纲的沼泽土（极少）及分布在森林线以上高山土纲的亚高山草甸土、高山寒漠土占1.92%。

云南省以高原季风气候为主的多样气候类型和垂直气候显著以及降水相对充沛和干湿季分明、地势特征与地形复杂多样和地貌分区、植被类型多和植物种类多、成土母质、栽培制度等诸多因素影响了云南土壤的形成和发育过程，造就了云南省的土壤类型多样化和空间分布特征。其主要形成特点：地势变化和维度变化复合，造成成土过程和土壤类型的多样性；山川南北走向改变了土壤分布的基本格局；古红色风化壳与现代风化壳交错出现，使土壤类型及其理化性质发生"倒置"现象；不同地形、坡向、坡度也对土壤的发育有深刻的影响。总之，地貌因子在云南省的生物气候带的分异中起着主导作用，导致了云南综合自然体在以垂直变化为主、水平变化为辅的各种自然因子作用下，经过一个相当长的历史过程，形成了一个独特的"立体自然景观"。

云南省以高原山地为主，成土条件复杂，土壤类型繁多。砖红壤、赤红壤、燥红土等地区土壤资源占有较大比重。土壤既有南北水平带分布规律，也有东西相性分布差异，特别是山地垂直带谱系列分布规律十分明显，显示了强烈的地域分布特点。耕地土壤中，低产田地比重大，比较平坦集中有灌溉的农田仅占1/3，旱地中坡地比重大，轮歇地占旱耕地的1/4。全省的土壤分布表现出以下四个方面的特点：

一是纬向水平分布。由南到北分布有砖红壤、赤红壤、红壤三个水平分布等。受点苍山、哀牢山等高大山体以及山川纵横深切的影响，各土类东西两大部分连片性差，往往呈深度犬牙交错过渡。砖红壤和赤红壤带，沿湿热河谷向北延伸，东部窄、西部宽；红壤在滇中高原均呈现较大地块分布；黄壤顺着大山脉迎风坡向南延伸。因此，红壤、黄壤带南北跨度较大。

二是经向分布。以元江河谷为界，东部高原各类土壤类型多，呈不规则块状分布；西部横断山脉纵谷山川相间排列，各类土壤类型多为南北向条带状，且呈相应的相间重复分布。云岭和哀牢山高大山体阻挡作用，使西部砖红壤、赤红壤等土壤分布界线沿河谷北移，分布海拔上限升高；相反，东部比较低。

三是垂直分布。全省山地由低到高依次分布有砖红壤、赤红壤、红壤与黄壤、黄棕壤、棕壤、暗棕壤、棕色针叶林土、亚高山草甸土、高山草甸土、高山寒漠土，并且以西部纵谷山地比较完全。黄棕壤以下带谱，全省比较一致。棕壤以上带谱系列集中在滇西北中高山山地，中部高海拔山地亦有分布。滇南低中山为砖红壤、赤红壤、红壤与黄壤、黄棕壤带谱。滇中山地为赤红壤、红壤、黄壤、黄棕壤、棕壤与亚高山草甸土带谱。滇西北高山为红壤与黄壤、黄棕壤、棕壤、暗棕壤、棕色针叶林土、亚高山草甸土、高山寒漠土带谱。干热河谷有燥红土、褐红土、燥褐土等，高于对应的干热河谷砖红壤、赤红壤与红壤、黄棕壤等土壤带内。受地貌生物气候等影响，其上限或下限升降相差可达200~300米。砖红壤、赤红壤等分布上限，西部比东部高；黄棕壤、棕壤等分布下限，南部比北部低。

四是地域分布。滇东高原面上以古红土发育的山原红壤为主，滇西以山地红壤为主。滇西南帚状山地为赤红壤集中分布区，滇南边缘各低山河谷有砖红壤分布。滇中高原山地有大面积紫色土连片分布，滇西北高山峡谷为淋溶土纲和高山土壤组成的垂直带谱系列。滇东北以黄壤、黄棕壤为主，滇东南红壤和石灰（岩）土分布面积较大。盆坝区以水稻土为主，冲积土、泥类沼泽土也有零星分布。元江、怒江、金沙江等燥热河谷有燥红土、褐红土、燥褐土呈条带状分布，黄色砖红壤、黄色赤红壤、黄红壤及黄壤分布于北热带、南亚热带和亚热带多雨山地。火山灰土面积很小，仅见于腾冲县等地。

五、水文资源

2018年，全省年降水总量5125亿立方米，地表水资源量2206亿立方米，地下水资源量 772.8 亿立方米，扣除地下水资源与地表水资源重复计算量 491.6 亿立方米，全省水资源总量为 2206 亿立方米。平均产水系数 0.43，平均产水模数 57.6 万立方米 / 平方千米，行政分区中，德宏州地下水径流模数最大，为 40.9 万立方米 / 平方千米；楚雄州最小，为 4.7 万立方米 / 平方千米。有 6 个州（市）年地下水资源量较常年偏多，其中：西双版纳、普洱和玉溪 3 个州（市）分别偏多 33.5%、16.4% 和 10.4%；红河、昭通和昆明 3 个州（市）分别偏多 9.5%、3.1% 和 0.7%。其余 10 个州（市）年地下水资源量较常年偏少，其中：楚雄、临沧、曲靖、怒江和保山 5 个州（市）偏少 11.2%~16.4%；大理、丽江、德宏、迪庆和文山 5 个州（市）偏少 0.4%~9.9%。

2018 年全省入境水量 1653 亿立方米，较常年增加 0.2%；从邻省入境水量 1628 亿立方米，从邻国入境水量 25.55 亿立方米；出境水量 3720 亿立方米，较常年减少 3.0%，流入邻省 1525 亿立方米，流入邻国 2195 亿立方米。

2018 年全省供河道外用水的 11 座大型水库、240 座中型水库以及小型水库和坝塘的年末蓄水总量 89.14 亿立方米，较上年增加 0.07%，完成年度蓄水任务的 109%，为 2011 年以来蓄水最多的一年。其中，大型水库蓄水量 19.84 亿立方米，较上年增加 7.3%；中型水库蓄水量 39.56 亿立方米，较上年减少 2.7%；小型水库及坝塘蓄水量 29.74 亿立方米，较上年减少 0.6%。

行政分区中，除曲靖市、玉溪市、保山市、楚雄州、红河州和怒江州年末蓄水总量较上年减少外，其余 10 个州（市）年末蓄水总量均比上年有不同程度的增加。

2018 年九大高原湖泊年末容水量 293.4 亿立方米，较上年减少 0.2%。滇池、星云湖、杞麓湖、异龙湖、洱海和程海容水量较上年减少，泸沽湖与上年持平，阳宗海和抚仙湖较上年有不同程度增加。

六、生物资源

云南省是国家级历史文化名省，我国少数民族重点聚集区域，生物资源多样性、物种保护较好，素有"动物王国""植物王国"的美誉。云南省位于我国西南部，北回归线穿过云南省南部，地势从西北向东南呈阶梯状下降，具有多样的地形和复杂的气候环境，又是古生物区系十字交汇处，使云南生物资源种类繁多。

云南省是全国植物种类最多的省份，被誉为"植物王国"。热带、亚热带、温带和寒温带等植物类型都有分布，古老的、衍生的、外来的植物种类和类群很多。在全国近 3 万种高等植物中，云南占 60% 以上，分属 440 科 3084 属 1.9 万余种，其中被列入国家一、二、三级重点保护和发展的树种有 150 余种。在众多的植物种类中，热带、亚热带的高等植物约 1 万种；中草药 2000 多种；香料植物 69 科，约 400 种。有 2100 多种观赏植物，其中花卉植物 1500 种以上，不少是珍奇种类和特产植物。《云南省生物物种名录（2016 版）》共收录云南省的物种2.54万个。2019年，云南省森林面积为2392.65万公顷，森林覆盖率为62.4%，森林蓄积量20.2亿立方米。全省共有自然保护区162个，其中，国家级20个、省级39个、州市级57个、区县级46个，总面积约286万公顷，占全省国土总面积的7.3%。云南树种繁多，类型多样，优良、速生、珍贵树种多，药用植物、香料植物和观赏植物等品种在全省范围内均有分布，故云南还有"药物宝库""香料之乡""天然花园"之称。

云南省动物种类数为全国之冠，素有"动物王国"之称。脊椎动物达1737种，占全国58.9%。其中，鸟类793种，占63.7%；兽类300种，占51.1%；鱼类366种，占45.7%；爬行类143种，占37.6%；两栖类102种，占46.4%；全国见于名录的2.5万种昆虫类中云南有1万余种。云南省珍稀保护动物较多，许多动物在国内仅分布在云南省。珍禽异兽，如：蜂猴、滇金丝猴、野象、野牛、长臂猿、印支虎、犀鸟和白尾梢虹雉等46种均属国家一级保护野生动物；熊猴、猕猴、灰叶猴、穿山甲、麝、小熊猫、绿孔雀和蟒蛇等154种均属于国家二级保护野生动物；此外，还有大量小型珍稀动物种类。

第二节　社会环境

一、社会经济

初步核算，2019年云南省生产总值（GDP）23223.75亿元，按可比价计算，比上年增长8.1%。其中，第一产业增加值3037.62亿元，增长5.5%；第二产业增加值7961.58亿元，增长8.6%；第三产业增加值12224.55亿元，增长8.3%。三次产业结构为13.1∶34.3∶52.6。按常住人口计算，全年人均地区生产总值47944元，增长7.4%；全年实现农林牧渔业总产值4935.74亿元，按可比价计算，比上年增长6.3%；其中，农业产值2680.16亿元，增长8.8%；林业产值395.54亿元，增长1.6%；畜牧业产值1600.73亿元，增长1.6%；渔业产值105.39亿元，增长4.0%；农林牧渔服务业产值153.92亿元，增长6.0%。

2019年外贸进出口总额336.92亿美元，比上年增长12.8%。其中，出口150.22亿美元，增长17.3%；进口186.70亿美元，增长9.5%。对欧盟进出口13.73亿美元，下降3.2%；对东盟进出口165.76亿美元，增长20.2%。

二、人口状况

2019年年末云南省常住人口4858.3万人，比上年年末增加28.8万人。全年出生人口61.2万人，出生率为12.63‰；死亡人口30.0万人，死亡率为6.20‰；自然增长率为6.43‰，比上年下降0.44个千分点。年末全省城镇人口2376.2万人，乡村人口2482.1万人，全省城镇化率达48.91%，比上年提高1.1个百分点。

三、能源状况

云南省能源资源极为丰富，尤以水能、煤炭资源储量较大，地热能、太阳能、风能和生物能也有较好的开发前景。水能资源理论蕴藏量为10437万千瓦，占全国总蕴藏量的15.3%，居全国第3位；煤炭资源主要分布在滇东北，全省已探明储量240亿吨，居全国第9位；地热资源以滇西腾冲地区的分布最为集中，全省出露地面的天然温热泉约有700处，居全国之冠，年出水量3.6亿立方米，水温最低的为25℃，高的在100℃以上；太阳能资源也较丰富，仅次于西藏、青海和内蒙古等省份，全省年日照时数在1000~2800小时之间，年太阳总辐射量每平方厘米在90~150千卡之间。

云南省还以有色金属及磷矿著称，被誉为"有色金属王国"，是得天独厚的矿产资源宝地。云南矿产资源的特点：一是矿种全，现已发现的矿产有143种，已探明储量的有86种；二是分布广，金属矿遍及108个县（市），煤矿在116个县（市）发现，其他非金属矿产各县都有；三是共生、伴生矿多，利用价值高，全省共生、伴生矿床约占矿床总量的31%。云南省有61个矿种的保有储量居全国前10位，其中，铅、锌、锡、磷、铜和银等25种矿产含量分别居全国前3位。

第三节　环境质量

一、空气质量概况

2019年，全省环境空气质量总体保持良好，16个州（市）政府所在地城市（以下简称16个城市）年评价结果均符合《环境空气质量标准》（GB 3095—2012）的要求。污染天气主要出现在景洪、普洱、临沧、蒙自、曲靖、昆明和玉溪等地区。发生污染时段集中出现在3~5月，1月及7~12月环境空气质量相对较好。首要污染物为臭氧的污染天占56.6%，其次为细颗粒物（占43.4%），臭氧污染态势有所加重。

2019年全省16个城市二氧化硫年均值浓度为9微克/立方米，较上年下降10%；二氧化氮年均值浓度为16微克/立方米，与上年持平；可吸入颗粒物年均值浓度为38微克/立方米，较上年上升5.6%；细颗粒物年均值浓度为22微克/立方米，较上年上升10%；一氧化碳日均值浓度为1.0毫克/立方米，与上年持平；臭氧日最大8小时平均值浓度为127微克/立方米，较上年上升11.4%。

从综合指数来看，滇西北地区环境空气质量相对较好。丽江、芒市、香格里拉等14个城市环境空气质量与2018年相比有所改善，特别是丽江、芒市改善幅度大于20%。普洱、景洪2个城市环境空气质量与上年相比有下降趋势，其中景洪的下降幅度大于10%。

二、水环境质量概况

按《地表水环境质量标准》（GB 3838—2002）和《地表水环境质量评价办法（试行）》评价，2019 年，六大水系中红河水系、澜沧江水系、怒江水系和伊洛瓦底江水系水质优，珠江水系水质良好，长江水系水质轻度污染。六大水系主要河流受污染程度由大到小排序依次为长江水系、珠江水系、澜沧江水系、怒江水系、红河水系和伊洛瓦底江水系。

154 条主要河流（河段）的 265 个国控、省控断面中，178 个断面水质优，符合Ⅰ～Ⅱ类标准，占 67.2%；46 个断面水质良好，符合Ⅲ类标准，占 17.3%；25 个断面轻度污染，符合Ⅳ类标准，占 9.4%；10 个断面中度污染，符合Ⅴ类标准，占 3.8%；6 个断面重度污染，劣于Ⅴ类标准，占 2.3%。

按断面水质达到水环境功能类别衡量（简称达标），240 个断面水环境功能达标，占 90.6%。在评价断面较 2018 年增加 4 个的情况下，全省主要河流水质保持稳定。主要河流（河段）水质的主要污染指标为化学需氧量、总磷、生化需氧量和高锰酸盐指数。

全省 26 个出境、跨界河流监测断面中，25 个断面水质优，符合Ⅱ类标准，占 96.2%；1 个断面水质良好，符合Ⅲ类标准，占 3.8%。其中，六大水系干流出境、跨界主要断面水质符合Ⅱ类标准，均达到水环境功能要求。

按《地表水环境质量标准》（GB 3838—2002）和《地表水环境质量评价办法（试行）》评价，全省湖泊和水库水质总体良好，优良率为 82.1%。67 个开展水质监测的主要湖库中，46 个水质优，符合Ⅰ～Ⅱ类标准，占 68.6%，比上年提高 4.5%；9 个水质良好，符合Ⅲ类标准，占 13.4%，比上年提高 1.5%；6 个水质符合Ⅳ类标准，水质轻度污染，占 9%，比上年上升 4.5%；3 个水质中度污染，符合Ⅴ类标准，占 4.5%，与上年相比不变；3 个水质重度污染，劣于Ⅴ类标准，占 4.5%，比上年下降 1.5%。

51 个湖库水质达到水环境功能要求，达标率为 76.1%，较 2017 年下降 1.5%。67 个湖库（水体）开展了湖泊富营养化状况监测，其中 11 个处于贫营养状态，46 个处于中营养状态，5 个处于轻度富营养状态，5 个处于中度富营养状态。

九大高原湖泊中泸沽湖、抚仙湖和滇池草海达到Ⅰ类标准，水质优；洱海和阳宗海达到Ⅲ类，水质良好；程海（不含氟化物、pH）达到Ⅳ类标准，水质轻度污染；杞麓湖达到Ⅴ类标准，滇池外海由Ⅳ类降到Ⅴ类，水质中度污染；异龙湖水质类别由劣Ⅴ类好转为Ⅴ类，水质中度污；星云湖水质劣于Ⅴ类，重度污染。

三、自然灾害情况

2019 年，云南省先后发生了全省春季和初夏干旱、金平"6·24"洪涝、楚雄"6·24"4.7 级地震、永胜"7·21"4.9 级地震、巧家"9·05"山体滑坡、盐津"9·30"山洪泥石流等一系列严重自然灾害，给灾区群众生产生活造成了严重影响。各类自然灾害共造成全省 16

个州（市）124个县（市、区）1035.78万人次不同程度受灾，因灾死亡61人，失踪8人，紧急转移安置1.23万人次；房屋倒塌617间，严重损坏2440间，一般损坏4.56万间；农作物受灾面积165.983万公顷，其中绝收12.576万公顷；灾害造成直接经济损失106.35亿元。

与2018年相比，受灾人口、农作物受灾面积和绝收面积有较大幅度增加，其余指标均有所减少。与2001—2018年均值对比，除农作物受灾面积外，其余灾情指标均偏轻3~9成。

第四节 林草资源

一、森林资源

第八次全国森林资源清查云南省清查结果显示，云南省林地面积2607.11万公顷，占国土总面积的68%，活立木蓄积量19.13亿立方米，森林面积2273.56万公顷，森林蓄积量18.95亿立方米，森林覆盖率59.30%，乔木林平均每公顷蓄积量94.8立方米。

云南省森林面积中，天然林面积1577万公顷，占69.4%；人工林面积526万公顷，占23.1%；人工促进林面积170万公顷，占7.5%。云南省公益林地占48.3%，商品林地占51.7%；全省经济林木类资源面积441万公顷；竹类资源面积79万公顷。

改革开放40年来，云南林业历经了1978年以来的粗放管理的时期到21世纪以来高度重视林业生态保护与推进现代林业的建设时期。改革开放初期，云南省森林覆盖率达到建国以来的最低点，只有22.57%。21世纪以来，云南先后开展了集体林权制度改革，启动实施了封山育林、退耕还林、天然林保护、防护林建设、农村能源建设、生物多样性保护和湿地保护等林业生态建设与保护工程，确立了"生态立省、环境优先"发展战略，全面推进"森林云南"建设。

特别是党的十八大以来，党中央将生态文明建设上升为国家战略，纳入"五位一体"总体布局，对云南省作出了争当全国生态文明建设排头兵的战略部署。云南省委省政府以"山水林田湖草"生命共同体观念来看待林业、发展林业，努力实践"绿水青山就是金山银山"的发展理念。

2017年，云南省林业和草原局明确了云南将结合林业"十三五"目标任务和林业改革发展实际，重点推进城乡绿化、天然林保护、退耕还林、生物多样性保护、湿地保护与恢复、重点生态治理修复、森林经营、产业提质增效、林业科技创新和林业基础及信息化建设等十大工程。实施绿水青山保卫、国土绿化、林业发展质量提升、生物多样性保护、深化林业改革、林业生态扶贫、金山银山林业和乡村振兴战略林业等八大行动，助推林业改革发展。争取到2020年，森林总量和质量持续提高，森林覆盖率达61%以上，森林蓄积量达20.35亿立方米以上，湿地保护率提高到52%以上，森林年生态服务价值达1.8万亿元以上，林业行业总产值超过 2800 亿元，林农从林业中获得的人均年收入达 3000 元以上，使得林业在生态文明建设和脱贫攻坚中的作用得到充分发挥。云南省林业和草原局最新数据显示，2019 年云南省森林覆盖率同比增长 2.1 个百分点，达到 62.4%；森林蓄积量同比增长 0.5 亿立方米，达到 20.2 亿立方米；湿地保护率同比提高了 6.43 个百分点，达到 52.96%；草地综合植被盖度达到 87.9%。

云南省围绕林业"十三五"目标任务，以生态保护与修复为主线，推改革、转方式、抓建设、重保护、强产业、促脱贫，全省林地面积 3.91 亿亩，森林覆盖率 59.7%，森林蓄积量 19.3 亿立方米，森林生态系统年服务功能价值 1.68 万亿元，生态保护指数 75.79 分，均居全国前列。云南省林业发展实现了生态建设与产业发展并重、生态改善与林农获益"双赢"的重大转变。

二、湿地资源

湿地与森林和海洋并称为全球三大生态系统。它不仅具有涵养水源、净化水质、调蓄洪水、控制土壤侵蚀、补充地下水、美化环境、调节气候、维持碳循环和保护海岸等极为重要的生态功能，是生物多样性的重要发源地之一，而且还为人类生产、生活提供多种资源，如水资源、粮食、肉类、鱼类、药材、能源、矿产以及多种工业原料，因此也被誉为"地球之肾""天然水库"和"天然物种库"。湿地独具特色的生态景观也是开展生态观光与旅游、宣教与科研的基地，是人类生存与发展基本条件之一。

云南省具有独特的地理位置和地质地貌、气候和水文环境，湿地类型多样，在云南省的生态环境、社会经济和生态文明建设发挥着重要的作用。据第二次云南湿地资源调查报告，云南省湿地资源以河流湿地为主。其中，河流湿地 24.18 万公顷，湖泊湿地 11.85 万公顷，沼泽湿地 3.22 万公顷，人工湿地 17.1 万公顷。

云南省特殊的立体地理环境，使云南的湿地种类多样，特征显著，主要表现在以下几个方面：

一是湿地类型多样、分布广泛、区域差异显著。云南省湿地均为淡水湿地，类型较为独特，为高海拔、低纬度的高原湿地。湖泊湿地大多分布在海拔 1000 米以上的高原面上，数量众多但平均面积小，分布不连续，在空间分布上相互隔离，湖泊与湖泊之间多数无水道相通，为封闭或半封闭的孤立湿地，其多样性丰富，特有种比例高。河流湿地分布在高山峡谷区，平均密度高，集水区狭长，跨地区、跨国界、跨气候带，自然条件多样。包括六大水系和若干支流，干流多为南北走向，从北到南呈帚状散开。怒江、澜沧江、金沙江三江并列南下，各江之间分水岭狭窄，干流下切深，水流湍急，落差较大，浮游生物和鱼类丰富，但河滩湿地不发育，湿地植物较少。云南东部和中部的珠江和红河水系多呈格子状或树枝状。云南东部和东南部多为地下暗河，地表湖泊湿地和河流湿地较少。沼泽湿地一般都分布在海拔 3000 米以上高山，为森林或灌木所包围，类型单一，面积小而且分散，但却为当地居民重要的放牧场所。湖滨沼泽湿地往往与湖泊的分布紧密相连，零星状分布，而且汛期和枯水期明显不同。在汛期多被水淹没，在外形上不显示明显的沼泽特征，但枯水期则明显地表现出沼泽特征，且多样性丰富。

二是生境复杂多样。云南高原湿地生境复杂多样，由于湿地面积相对较小，在较小的景观尺度上具有河流、湖泊、草甸、沼泽、高山和森林一起构成的复杂多样的生境类型，在我国湿地类型中独具特色。

三是生物多样性丰富。云南高原湿地独特的地理位置及其河流的南北走向，有利于南北成分的各种生物交汇，在仅占我国高原湿地面积 0.01% 的云南湿地区域范围内生活了全国种类 67% 的湿地鸟类、42% 的淡水鱼类、25% 的爬行类、43% 的两栖类。无论是植物还是动物都形成了一些特有种类或属级阶元，如仅分布茈碧湖的第三纪孑遗种茈碧花（Nymphaea tetragona）、泸沽湖的高原特有植物波叶海菜花（Ottelia acuminata var. crispa）、香格里拉辖域分布的特有鱼类中甸叶须鱼，以及唯一生活在高原的特有鹤类黑颈鹤（Grus nigricollis）和多种国家一、二级重点保护水禽。特别值得一提的是，在这样一个不利于水生植物全面发展，海拔 1500 米以上，处于山地环境的高原湿地却孕育了占全国近 11% 的水生植物，且珍稀濒危和特有物种比例较高，不仅具有国内湿地大部分水生植物群落，还具有长江中下游平原湿地所不具有的北极—高山类型（杉叶藻群落）和云贵高原特有的海菜花（Ottelia acuminata）群落。此外，生物区系组成也较为复杂，包含了世界分布、旧世界热带分布、北温带分布、东亚分布、极高山分布和淡水湖泊特有植物群落类型六大地理成分。

四是垂直分异明显。水生植被的发育与地带性植被不同，通常作为隐域性植被来记述。在水质条件相近的情况下，水生植被的组成在不同纬度地带应是相似的，但云南高原湿地的水生植被在距离不大的纬度范围内，其组成因海拔高度变化而迅速变化，呈现出与陆生植被相似的明显的垂直分异特征。

五是生态系统脆弱。云南湖泊湿地数量较多，但面积小且平均深度低，集水区面积也不大，径流量小，受高原气候的影响使得蒸发量常高于湖面降水量，极易萎缩消失；而且云南湖泊被周围面山所包围，多为封闭型和半封闭型，一般只有一个出水口，相互之间无水道相通，湖水置换周期长，环境容量低，易受面源污染而富营养化；同时，易受陆生生态系统地表径流的影响而淤积。河流湿地的河谷地区多为干热性或干暖性气候，如元江河谷、金沙江河谷都是典型的干热性河谷，河谷地段植被稀疏，水土流失严重，是生态系统的脆弱地段。此外，云南高原湿地在空间上相互隔离，有利于物种分化却不利于种群扩散，生物多样性丰富却较为脆弱。

六是农牧交错，与区域经济社会发展紧密相连。云南 94% 的面积为山地，湖泊湿地大多成因于地层陷落。湖泊周边的平地或缓坡地一般都为次生草甸，成为主要的放牧区。湖泊周围或沿河两岸发展了城市和村镇，形成了湖泊文化、河流文化，这些区域同时也是农业发达地区和经济、文化中心，湿地资源人为利用强度较大，与生产生活及社会文化关系密切。

七是地理位置特殊，水能资源丰富。云南省有六大水系，河川径流总量2222亿立方米。其中，地下径流总量738.3亿立方米，占河川径流总量的33.2%。其河流湿地或是重要河流水系的源头或是上游地段，落差大，水能资源丰富，居全国第3位。全省湖面积大于1平方千米的湖泊有37个。总面积1164平方千米，汇水面积9000平方千米，占全省面积的2.31%，总蓄水量290亿立方米。冰川覆盖面100平方千米，总蓄水量10亿立方米，对下游水系的生态安全起着关键作用，其中的4条国际河流湿地生态环境则关系到国家生态安全和我国的国际形象。

三、草地资源

据第一次草地资源调查，云南省共有草地资源2.29亿亩，其中可利用面积1.78亿亩。各州、市可利用草地面积（图2-2），云南省原有草地类7个，2017年，根据农业行业标准《草地分类》（NY/T 2997—2016）划分，云南省草地由7类划归为4类。其中，暖性灌草丛类可利用面积4654万亩（包括原暖性草丛类1028.99万亩、原暖性灌草丛类3625.01万亩）；热性灌草丛类可利用面积13201.89万亩（包括原热性草丛类4171.63万亩、原热性灌草丛类7347.35万亩、原干热稀树灌草丛类1682.91万亩）；山地草甸类可利用面积1967.97万亩；高寒草甸类可利用面积535.26万亩。有各种草地植物199科1404属4958种，占云南高等植物1.4万种的35.41%，有饲用植物3200多种。2019年云南省天然草地综合植被盖度87.90%，草群平均高度35.71厘米，每公顷鲜草产量10395.68千克，可食牧草鲜草产量8918.24千克，全省鲜草总产量14091.04万吨。

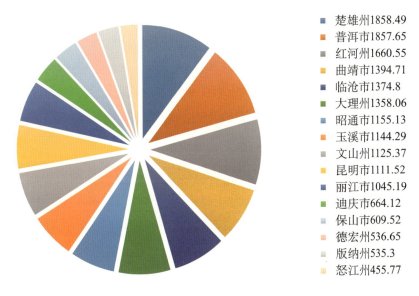

图2-2 云南各州（市）可利用草地面积（万亩）

16 州（市）中面积最大的为楚雄州，草地面积 2346.58 万亩；面积最小的为怒江州，草地面积 609.32 万亩。有万亩连片草地 1177 块，其中 20 万亩以上连片草地 5 块（分布为永善县的马楠草场、昭阳区的大山包、会泽县的大海草山、德钦县的白马雪山、兰坪县的大羊场）、10 万~20 万亩连片草地 9 块、5 万~10 万亩连片草地 21 块。

云南省草地资源十分丰富，是南方草地的典型代表。具有如下特点：

一是草地面积大，草地类型多。全省共有草地 1527 万公顷，草地利用系数为 77.9%。全省草地资源受季风气候和大地构造格局的自然因素影响，地带性分异规律和地区特点十分明显，草地类型多样。全省从南到北，按草地的纬向变化、垂直变化、气候变化的综合差异，分为高寒草甸、亚高山草甸、山地草甸和山地灌草丛等 11 类，几乎包括了全国从南至北的草地类型。

二是饲用植物多，利用时期长。草地饲料种类由多种经济类群组成，其中，草本占 78.23%；草本中有禾本科植物 370 多种，豆科植物 284 种，菊科、蓼科、百合科、十字花科等植物 64 种。草地中适口性好的草类较多，据对 2326 种饲用植物评价，优等牧草占 9.2%，良等占 19.6%，中等占 30.6%；优、良、中适口性较好的草类占草地的 59.5%。滇中以南的大部分地区和滇中以北的部分地区，草地利用期从 4~11 月，长达 210 天左右。滇南的湿热地区和滇北的半湿热地区，草地利用期达 300 天以上。

三是生产条件好，开发潜力大。全省高山草甸、亚高山草甸、山地草甸和高山沼泽草甸等温带、寒温带的草地类型占草地面积的 12.42%；亚热带类型的山地暖性灌丛草地、山地暖性稀树灌丛草地在草地面积中占 53.7%；北热带和南亚热带草地类的暖热性草丛类、干热河谷稀树草丛类、山地热性灌草丛类占 16.79%。因此，热带、亚热带地区的草地面积占 71%，大部分地区全年 ≥ 10℃ 的年积温在 4500℃ 以上，年降水量 >700 毫米，光、热、水、土资源条件好，大部分地区草地生产能力较高。

四是连片草地少，零星分布多。全省草地分布面广，楚雄、红河和思茅 3 个地（州）约占全省草地面积的 29.7%。以县为单位划分，有 100 个县的草地面积在 100 万亩以上；其中，中甸、宁蒗、会泽和永胜 4 个县的草地面积均在 400 万亩以上。但由于地形切割破碎，大面积整块连片的草地少，10 万亩以上连片草地只占全省草地面积的 13.6%，300~10 万亩分块连片的草地占 80%，300~1000 亩连片的占 6%。

五是多宜性强，稳定性差。大量的生产实践表明，云南草地的多宜性特点非常突出。云南省属于典型的多山省份，新开垦的耕地主要来源于草山草地和林业采伐迹地，其中绝大部分来源于近山天然草地的开垦。据测算，中华人民共和国成立以后云南省新开垦的耕地 193.8 万公顷，其中有 70% 来自天然草地的开垦，23% 来自林业采伐迹地开垦，7% 来自"四荒"开发，1950—2000 年的 50 年间，全省开垦草地面积 135.66 万公顷。

四、荒漠资源

荒漠化（desertification）是由于大风吹蚀、流水侵蚀、土壤盐渍化等造成的土壤生产力下降或丧失，有狭义和广义之分，起源于20世纪60年代末和70年代初，非洲西部撒哈拉地区连年严重干旱，造成空前灾难，"荒漠化"名词于是开始流传开来。石漠化是荒漠化的一种特殊形式，是指在岩溶地区受人为活动干扰，地表植被遭受破坏，土壤严重流失，基岩大面积裸露或砾石堆积，造成土地退化和丧失的现象。在我国主要发生在南方石灰岩地貌发育典型的地区，如云南省、广西壮族自治区和贵州省等。云南的石漠化不同于贵州、广西，它不仅发生在湿润、半湿润气候条件下，而且还发生在干旱、半干旱气候条件下；不仅发生在热带、亚热带地区，还发生在温带、寒温带地区。

云南省是全国石漠化最严重的省份之一，石漠化影响着长江、珠江、澜沧江等国内、国际重要河流的生态安全，制约着全省经济社会的可持续发展。石漠化引起了党中央、国务院高度重视。党的十八大以来，习近平等中央领导亲自作出批示，全省各族干部群众以习近平新时代中国特色社会主义思想为指导，认真贯彻落实党的十八大、十九大关于推进石漠化综合治理的有关要求，不断加大石漠化防治力度，取得了较好的成效。

为进一步掌握石漠化动态变化情况，科学评价岩溶地区石漠化综合治理成效。在2005年、2011年两次石漠化监测工作的基础上，2016年4月至2017年9月，国家林业局组织开展了第三次石漠化监测工作。全省监测范围涉及65个县(市、区)、695个乡(镇、林场)，参与监测技术人员880余人，区划小班30余万个，拍摄典型照片4.6万余张。

监测结果显示，截至2016年年底，全省石漠化土地面积235.2万公顷，占全省岩溶土地面积的29.6%；潜在石漠化土地面积204.2万公顷，占全省岩溶土地面积的25.7%。与2011年相比，5年间石漠化土地面积减少48.8万公顷，年均减少9.76万公顷；潜在石漠化土地面积增加27.1万公顷，年均增加5.4万公顷（主要为石漠化土地治理后演变而来），年均增幅达3.06%。2005—2016年间，全省呈现出"石漠化土地面积持续减少、石漠化程度不断减轻、生态环境状况稳步好转"的态势，石漠化防治成效逐步显现。

虽然经过多年的持续治理和保护，石漠化防治工作取得了阶段性成果，但因岩溶生态系统脆弱，石漠化治理具有长期性和艰巨性，且局部石漠化土地仍存在扩展情况，防治形势依然严峻。

土地石漠化严重制约着岩溶地区经济社会可持续发展，是推进生态文明建设的重点和难点问题。为了实现人民对美好生活的向往，继续推进生态文明建设，必须坚定不移贯彻创新、协调、绿色、开放、共享的发展理念，加大防治力度，扩大治理范围，提升治理水平，全面推进石漠化防治工作。

第三章
云南省林草资源生态连清体系监测布局

第一节 布局原则

根据云南省自然地理特征和社会经济条件,以及林草资源中的森林、草地、湿地、荒漠和城市生态系统的分布、结构、功能和生态系统服务转化等因素,考虑植被的典型性、生态站点的稳定性以及各站点间的协调性和可比性,确定云南省林草资源生态连清体系监测站的布局原则如下:

一、多站点联合、多系统组合、多尺度拟合、多目标融合

多站点联合,即通过建设云南省林草资源生态连清体系监测网络,在科研项目带动下,实现多个站点协同研究;多系统组合,即实现森林、草地、湿地、荒漠和城市多生态系统类型的联网研究;多尺度拟合,即研究对象覆盖个体、种群、群落、生态系统、景观和区域多个尺度;多目标融合,即生态站布设目的多样,如应对气候变化、水资源管理、生物多样性保护、森林健康、生态效益补偿和国土安全等。

二、立足于区域生态系统特色

云南省地处中国西南边陲,地域辽阔,地形复杂,气候多样,蕴藏着丰富独特的陆地生态系统,按照不同类型生态系统的典型性、代表性和科学性,立足现有生态站点,全面科学地规划布局森林、草地、湿地、荒漠和城市生态站,优化资源配置。根据区域内地带性观测需求,在云南省建设具有区域典型性和代表性的一批生态站,为保护和研究区域生态系统提供理论和数据支撑。

三、服务于国家重大战略

云南省是生态屏障区也是生态脆弱区,在落实国家生态文明建设与维护国土生态安全战略方面具有重要地位。同时，云南省位于祖国西南边陲，具有面向三亚肩挑两洋的独特区位优势，北上连接"丝绸之路经济带"，南下连接"海上丝绸之路"，是我国通往东南亚、南亚的窗口和门户，是我国"一带一路"重大经济发展战略的重要地区。云南省林草资源生态连清体系监测网络应服务于国家重大战略，为国家战略落实提供基础数据、科技支撑与生态服务保障。

四、充分结合林业生态工程

云南省是国家天然林资源保护工程、退耕还林（草）工程、石漠化治理工程、草地生态修复工程、自然保护区建设和生物多样性保护工程的重要实施省份。同时，云南省政府高度重视林业生态环境建设，实施了十大林业生态工程。国家与省政府层面生态工程的实施与推进，极大地改善了云南省自然生态环境面貌，提升了生态环境质量，保障了生态环境安全。云南省林草资源生态连清体系监测网络应与林业生态工程充分结合，对工程的生态效益进行科学监测与评估，为工程的科学实施提供基础数据支撑与理论指导，确保生态工程的科学性、有效性和可持续性。

五、保护和恢复湖泊河流湿地

由于围湖造田、围网养殖泛滥以及湖泊周边人口日益密集，导致湖泊污染日趋严重，湖泊水质堪忧和湖泊功能衰退。通过生态系统定位观测研究网络站点的合理布局，可以掌握各类湖泊湿地动态变化、发展趋势，定期提供检测数据与检测报告，分析变化的原因，提出湿地保护与合理利用对策，对恢复湖泊水环境质量及功能、探索湖泊管理模式起到积极作用。

六、科学合理的站点规划

在充分分析云南省生态系统功能区划的基础上，从国家及云南省生态建设的整体出发，实行"统一规划、分期建设、分类指导、集中管理"的原则，按照"先易后难、先重点后一般"的规划步骤，依据云南省林草业发展要求和生态环境建设的需要，分阶段对云南陆地生态系统定位观测研究站进行建设。按照不同类型生态系统的典型性、代表性和科学性，立足现有生态站点，全面科学地规划布局森林、草地、湿地、荒漠和城市生态站，优化资源配置，优先重点区域建设，避免低水平重复建设，逐步形成层次清晰、功能完善、覆盖全省主要生态区域的生态站网，全面提升云南省生态系统长期定位观测研究的水平。

第二节　布局依据

一、指导思想

党的十九大明确指出"加快生态文明体制改革，建设美丽中国""改革生态环境监管体制"。本规划全面贯彻落实党的十九大中央有关生态文明建设的精神和习近平总书记有关生态文明重要讲话精神。坚持保护生态环境就是保护生产力，改善生态环境就是发展生产力的发展战略。坚持完整性、系统性、专业性、长期性和可重复性的指导思想，根据云南省气候、地理、植被类型等自然环境特点，统一生态监测方法，做到采集数据的标准化和网络化；着重培养生态监测的人才队伍、加强队伍的能力建设；实施对网络内生态站点的监测和数据上网。综合运用大数据，实时采集、深度挖掘、主体化分析和可视化展现，全面掌握全省各个生态站点生物资源和环境因素的状况及动态变化，及时发现和评估重大生态灾害、重大生态环境损害情况，提高云南省生态环境重大决策的科学性、预见性和针对性，为建设森林云南和生态文明排头兵作出更大贡献。

二、法律法规、规范性文件

本总体规划主要依据国家有关法律法规、规范性文件等编制。

(1)《中共中央国务院关于加快林业发展的决定》(2003)

(2)《国家中长期科学和技术发展规划纲要（2006—2020年)》(2005)

(3)《中共中央国务院关于加快推进生态文明建设的意见》(2015)

(4)《全国主体功能区规划》(2010)

(5)《中共中央关于全面深化改革若干重大问题的决定》(2013)

(6)《全国生态保护与建设规划（2013—2020年)》(2014)

(7)《国务院关于大力推进大众创业万众创新若干政策措施的意见》(2015)

(8)《国家创新驱动发展战略纲要》(2016)

(9)《国民经济和社会发展第十三个五年规划纲要》(2016)

(10)《国务院办公厅关于印发生态环境监测网络建设方案的通知》国办发〔2015〕56号

(11)《国家陆地生态系统定位观测研究网络中长期发展规划 (2008—2020年)(修编版)》(2016)

(12)《"十三五"国家科技创新规划》(2016)

(13)《林业科学和技术中长期发展规划（2006—2020年)》(2006)

(14)《国家林业科技创新体系建设规划纲要（2006—2020年)》(2006)

(15)《国家林业局关于加快科技创新促进现代林业发展的意见》(2012)

(16)《推进生态文明建设规划纲要（2013—2020年)》(2013)

(17)《全国生态功能区划（修编版）》(2015)

(18)《林业发展"十三五"规划》(2016)

(19)《国家林业局关于着力开展森林城市建设的指导意见》(2016)

(20)《全国湿地保护工程规划（2004—2030年）》(2004)

(21)《林业科技创新"十三五"规划》(2016)

(22)《国家陆地生态系统定位观测研究站网管理办法》(2014)

(23)《林业固定资产投资建设项目管理办法》(2015)

(24)《国家科技创新基地优化整合方案》（国科发基〔2017〕250号）(2017)

(25)《国家野外科学观测研究站管理办法》（国科发基〔2018〕71号）(2018)

(26)《国家野外科学观测研究站建设发展方案（2019—2025)》国科办基〔2019〕55号(2019)

(27)《国家陆地生态系统定位观测研究网络中长期发展规划（2021—2030年）》(2020)

(28)《云南省林业发展"十三五"规划》(2018)

(29)《云南省主体功能区规划》(2013)

(30)《森林生态系统长期定位观测研究站建设规范》(GB/T 40053—2021)

(31)《森林生态系统定位观测指标体系》(GB/T 35377—2017)

(32)《森林生态系统服务功能评估规范》(GB/T 38582—2020)

(33)《森林生态站数字化建设技术规范》(LY/T 1873—2010)

(34)《森林生态系统定位研究站数据管理规范》(LY/T 1872—2010)

(35)《森林生态系统长期定位观测方法》(GB/T 33027—2016)

(36)《森林生态系统生物多样性监测与评估规范》(LY/T 2241—2014)

(37)《湿地生态系统定位研究站建设技术要求》(LY/T 1780—2007)

(38)《荒漠生态系统观测研究站建设规范》(LY/T 1753—2008)

(39)《荒漠生态系统服务评估规范》(LY/T 2006—2012)

(40)《全国重要生态系统保护和修复重大工程总体规划（2021—2035年）》(2020)

第三节　布局方法

遥感（RS）、地理信息系统（GIS）和全球定位系统（GPS）形成的"3S"技术及其相关技术是近年来蓬勃发展的一门综合性技术，利用"3S"技术能够及时、准确、动态地获取资源现状及其变化信息，并进行合理的空间分析，对实现陆地生态系统的动态监测与管理、合理的规划与布局具有重要的意义。

地理信息系统（GIS）是在计算机硬、软件系统支持下，对现实世界（资源与环境）的研究和变迁的各类空间数据及描述这些空间数据特性的属性进行采集、储存、管理、运算、分析、显示和描述的技术系统，它作为集计算机科学、地理学、测绘遥感学、环境科学、城市科学、空间科学、信息科学和管理科学为一体的新兴边缘学科而迅速地兴起和发展起来。其中，地理信息系统是以分层的方式组织地理景观，将地理景观按属性分层提取，同一地区的全部属性表达了该地区某种地理景观的内容。从实现机制上而言，基于空间和非空间数据联合运算的空间分析方法是实现规划目的最佳方法。

因此，本规划基于GIS，结合"典型抽样"思想和空间分析技术，依据《国家陆地生态系统定位研究网络中长期发展规划（2021—2030年）》中森林、草地、湿地、荒漠和城市生态站布局，在云南省林草资源生态连清体系监测布局与网络建设原则和依据的指导下，结合云南省气候、地形、土壤和植被等因素，利用地理信息系统，在对每个因素进行抽样的基础上，进行空间分析，实现云南省林草资源生态连清体系监测网络布局，并采用定量化的方法评估其监测精度。

一、森林生态站布局方法

（一）布局技术流程

本研究以"典型抽样"思想为指导构建森林生态系统长期定位观测台站布局体系。根据待布局区域的气候和森林生态系统的特点，分析台站布局的特点，提出台站布局体系原则，根据台站观测要求，选择典型的、具有代表性的区域完成台站布局，构建森林生态系统长期定位观测网络。首先通过对云南省典型生态地理区划进行对比分析，构建合适的指标体系，构建空间数据库，利用空间叠置分析、合并面积指数、地统计学和复杂区域均值模型等方法完成云南省生态地理区划。在云南省生态地理区划的基础上，提取相对均值区域作为森林生态站网络规划的目标靶区，并对森林生态站的监测面积进行空间分析，确定森林生态站网络规划的有效分区。在有效分区的基础上，综合分析云南省林业发展需求，布设森林生态站。森林生态站的站点密度进行空间分析后确定森林生态站站点的位置，从而完成云南省草资源生态连清体系监测网络的构建。技术流程如图3-1所示。

（二）空间抽样方法

森林生态系统定位研究网络是采用空间抽样的方法，以点带面实现区域范围的长期定位连续观测。空间抽样技术是进行台站布局的基本方法。抽样主要分为概率抽样和非概率抽样两大类型，有简单随机抽样、系统抽样、分层抽样、整群抽样、多阶段抽样、PPP抽样等多种抽样方法，其中简单随机抽样、系统抽样和分层抽样是目前最常用的经典抽样模型。由于简单随机抽样不考虑样本关联，系统和分层抽样主要对抽样框进行改进，一般情况下抽样精度优于简单随机抽样。

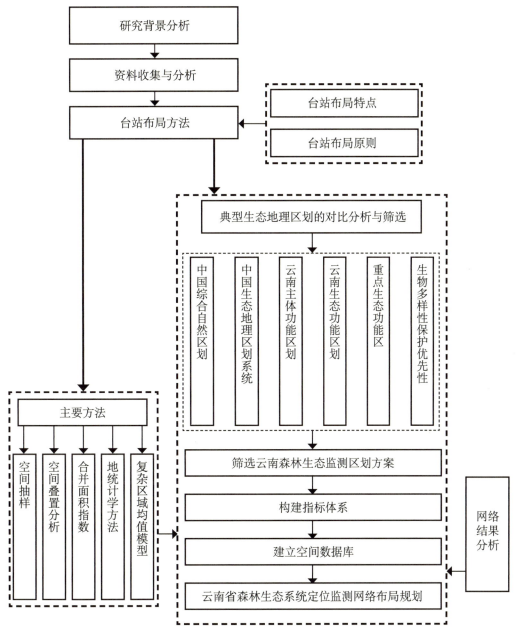

图 3-1　布局技术流程

（1）简单随机抽样是经典抽样方法中的基础模型。简单随机抽样（simple random sampling）是抽样调查方法中最简单、最基本的抽样组织形式，也是其他抽样方法的基础，可用于多种问题的调查。它是按照随机原则直接从总体中抽取若干个单位构成一个样本，抽取的样本称为简单随机样本。由于全样本方法和逐个无放回抽样是等价的。因而，也可以一次性从总体中抽出 n 个单元，这种样本也是简单随机样本。抽样的随机性通过抽样的随机化程序体现，而实现随机化程序则可以使用随机数字表，或者使用能产生符合要求的随机数字序列的计算机程序。

该方法简单直观，理论上符合随机原则，既是设计其他具体抽样方法的基础，又是衡量其他抽样效果的比较标准。该方法适合于目标总体 N 不是很大的条件下单独使用。同时，在抽样框完整时，可以直接从中抽选样本。由于所选概率相同，利用样本统计量对目标量进行估计较为方便。但是，当目标总体 N 很大时，该方法就遇到了局限。由于它要求包含所有总体单元的名单作为抽样框，这样当 N 很大时，建立这样数量庞大的抽样框并不容易。另外这种方法选出的单元很分散，给调查实施过程带来很大困难。并且，该方法也没有利用其他辅助信息来提高估计的效率（金勇进等，2008）。大规模调查很少直接采用简单随机抽样，通常是与其他抽样方法结合使用。

（2）系统抽样是经典抽样中较为常用的方法。系统抽样（systematic sampling）是一种将总体中的抽样单元按某种次序排列，在规定的范围内随机抽取一个（或一组）初始单元，随后按一套事先确定的规则确定其他样本单元的抽样方法（杜子芳，2005）。最典型的系统抽样是从数字 $1 \sim k$ 之间随机抽取一个数字 m 作为抽选起始单元，然后依次抽取 $m+k$，$m+2k$，…单元，所以可以把系统抽样看作是将总体内的单元按顺序分成 k 群，用相同的概率抽取出一个群的方法。需要注意的是，如果在抽取初始单元后按相等的间距抽取其余样本单元，这种方法称为等距抽样（Risto Lehtonen et al.，2003）。系统抽样的优点是只有初始单元需要抽取，组织、操作实施较为简便。该方法特别适合总体分布具有规律性的情况。其估计精度可以通过设定抽样规则、利用样本辅助信息等方式得到完全保证。但是，系统抽样方法对估计量方差的估计比较困难这个缺点也是显而易见。

（3）分层抽样又称为分类抽样或类型抽样。分层抽样（stratified sampling）是指按照某种规则把总体划分为不同的层，然后在层内再进行抽样，各层的抽样是独立进行的。估计过程先在各层内进行，再由各层的估计量进行加权平均或求和最终得到总体的估计量。它是把异质性较强的总体分成一个个同质性较强的子总体，再抽取不同的子总体中的样本分别代表该子总体，所有的样本进而代表总体。分层抽样能够分别估计出总体和各层的特征值。该种抽样方法是将总体单位按照其属性特征划分为若干同质类型或层，然后在类型或层中随机抽取样本单位。通过划类分层，获得共性较大的单位，更容易抽选出具有代表性的调查样本。该方法适用于总体情况复杂、各单位之间差异较大和单位较多的情况。当层间差异较大、层内差异较小时，该抽样方法能够显著提高估计精度。在抽样单元比较集中的情况下，使用分层抽样组织、实施调查就更为容易。基于上述优点，分层抽样成为应用最为广泛的抽样方法之一，广泛使用于动物分布、森林调查中。该种方法需要用户可以更好地把握总体分异情况，从而较好地确定分层的层数和每个层的抽样情况。

根据 Cochran 分层标准，分层属性值相对近似的分到同一层。传统的分层抽样中，样本无空间信息，但是在空间分层抽样中，这种标准会使分层结果在空间上呈现离散分布，无法进行下一步工作。因此，空间分层抽样除了要达到普通分层抽样的要求，还应具有空间连续性。该思路符合 Tobler 第一定律：在进行空间分层抽样时，距离越近的对象，其相似度越高

(Miller, 2004)。森林生态系统结构复杂，符合分层抽样的要求。国家或者省域尺度森林生态系统长期定位观测台站布局可通过分层抽样的方法来实现。典型抽样即挑选若干有典型代表性的样本进行研究，是研究在全球及区域尺度上环境变化的重要方式，也被应用于针对资源清查中生态质量与生态系统的服务功能调查研究。生态站应选择典型的有代表性的生态学研究区域进行长期生态学研究（Strayer et al., 1986）。将典型抽样的思想应用于网络布局中，既体现了全局认识，又有侧重且兼顾的思想。因此，典型抽样是进行生态站网络布局的适合方法。

（三）构建指标体系

区划是具有明确目标的一种地理分析方式。区划的目标是决定区划方法与区划指标的核心。本规划主要选取气候指标、植被指标、地形指标和生态功能区指标进行云南省森林生态监测区划。

1. 气候指标

（1）温度指标。本规划通过对比分析云南省已有的综合自然区划，以郑度院士《中国生态地理区域系统研究》的"中国生态地理区域划分"为主导，根据温度指标[≥10℃积温日数（天），≥10℃积温数值（℃）]（郑度，2008），结合云南气象站30年日值气象数据确定云南省内不同温度区域的划分（表3-1，数据来源为中国气象科学数据共享）。云南省可划分为4个温度带：中亚热带、南亚热带、边缘热带和高原温带（图3-2）。

表3-1 温度指标

温度带	主要指标		辅助指标		
	≥积温日数（天）	≥积温数值（℃）	1月平均气温（℃）	7月平均气温（℃）	平均年极端最低气温（℃）
寒温带	<100	<1600	<-30	<16	<-44
中温带	100~170	1600~3200（3400）	-30~12（-6）	16~24	-44~-25
暖温带	170~220	3200（3400）~4500（4800）	-12（-6）~0	24~28	-25~-10
北亚热带	220~240	4500（4800）~5100（5300） 3500~4000	0~4 3（5）~6	28~30 18~20	-14（-10）~-6（-4） -6~-4
中亚热带	240~285	5100（5300）~6400（6500） 4000~5000	4~10 5（6）~9（10）	28~30 20~22	-5~0 -4~0
南亚热带	285~365	6400（6500）~8000 5000~7500	10~15 9（10）~13（15）	28~29 22~24	0~5 0~2
边缘热带	365	8000~9000 7500~8000	15~18 13~15	28~29 >24	5~8 >2
中热带	365	>8000（9000）	18~24	>28	>8
赤道热带	365	>9000	>24	>28	>20

（续）

温度带	主要指标		辅助指标		
	≥积温日数（天）	≥积温数值（℃）	1月平均气温（℃）	7月平均气温（℃）	平均年极端最低气温（℃）
高原亚寒带	<50		-18～-10（-12）	6～12	
高原温带	50～180		-10（-12）～0	12～18	

（2）水分指标。该区划的水分指标通过干湿指数进行衡量。全国共有4个等级的水分区划（表3-2）（郑度，2008），云南省可划分为湿润地区、湿润半湿润地区（图3-2）。干湿指数的计算方式如下：

$$I_a = ET_0/P \tag{3-1}$$

式中：ET_0——参考作物蒸散量（毫米／月）；

P——年均降水量（毫米）；

I_a——干湿指数。

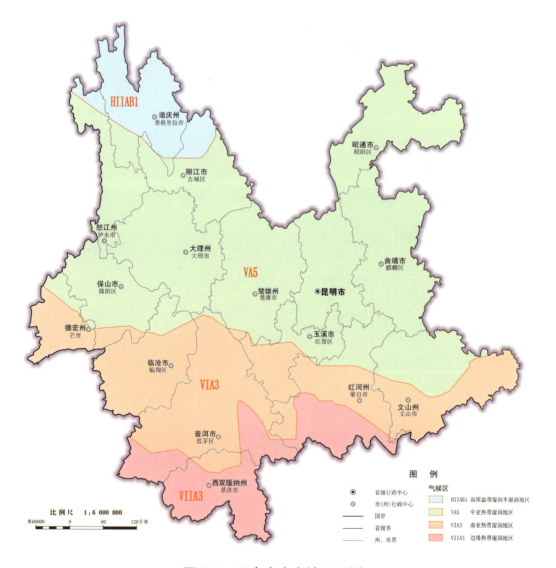

图 3-2　云南省生态地理区划

表 3-2 水分指标

水分区划类型	指标范围
湿润类型	≤0.99
半湿润类型	1.00≤1.49
半干旱类型	1.50≤3.99
干旱类型	≥4.00

2. 植被指标

针对云南植被进行划分的区划有中国植被区划（吴征镒，1980）、云南植被区划（云南植被编写组，1987）和中国植被区划（张新时，2007），中国植被区划（张新时，2007）是综合了前人的植被区划成果完成，比中国植被区划（吴征镒，1980）和云南植被区划（云南植被编写组，1987）更为完整、详细，是目前最完整的植被区划图。

因此，云南植被区划指标采用中国植被区划（张新时，2007）的云南部分。云南省境内植物种类繁多，植被类型多样，分布错综复杂，植物资源十分丰富，素有"植物王国"之称，主要包括以下植被区（表 3-3、图 3-3）。

表 3-3 云南植被类型区

编号	云南省植被类型
IV Aiib-5	川滇黔山丘栲类、木荷林区
IV Bi-1	滇中滇东高原、盆地、谷地滇青冈、栲类、云南松林区
IV Bi-2	川滇金沙江峡谷云南松林、干热河谷植被区
IV Bi-3	滇西山地纵谷具有铁杉、冷杉垂直带的森林区
IV Bii-1	滇桂石灰岩丘陵润楠、青冈栎、细叶云南松林区
IV Bii-2	滇中南山地峡谷栲类、红木荷、思茅松林区
IV Biii-2	横断山南部峡谷云杉、冷杉林、硬叶栎林区
V Bi-1	滇东南峡谷山地半常绿季雨林、湿润雨林区
V Bi-2	西双版纳山地、盆地季节雨林、季雨林区
V Bi-3	滇西南河谷山地半常绿季雨林区
V Bi-4a	察隅长毛羯布罗香、红果葱臭木、栲、红木荷小区

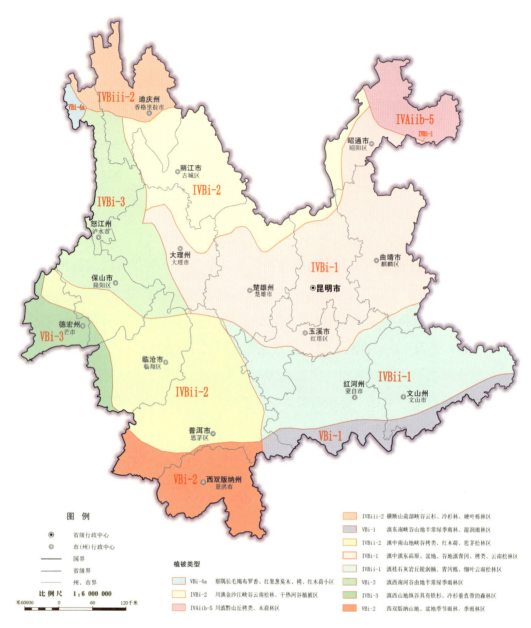

图 3-3　云南省植被区划

（1）ⅣAiib-5 川滇黔山丘栲类、木荷林区。本植被区位于四川、云南、贵州、重庆四省（市）的交界处。地形复杂，有丘陵、低中山和亚高山等，地势大致由西南往东北倾斜。年均温一般为 17~18℃，年降水量 1000~1200 毫米，往西则雨量增加。土壤在丘陵地区多紫色土，山地有山地黄壤、山地棕壤及森林灰化土等。地带性植被在海拔 1700 米以下（西部 2000 米）以常绿阔叶林为主。主要树种在低山丘陵为刺果米储（Castanopsis calesii var. spinulosa）、大苞木荷（Schima grandiperulata）、四川大头茶（Polyspora speciosa）、栲树（Castanopsis fargesii）、楠木（Phoebe zhennan）、黄杞（Engelhardia roxburghiana）及青冈栎（Cydobalanopsis glauca）；在山地则以峨眉栲（Castanopsis platyacantha）、华木荷（Schima sinensis）、包石栎（Lithocarpu seleistocarpus）等为主，林中还夹有较多竹类，如大节竹（*Indosasa crassiflora*）、方竹（*Chimonobambusa quadrangularis*）、金佛山方竹（*Chimonobambusa utilis*）、拐棍竹（*Fargesia robusta*）和箭竹（*Fargesia spathacea*）等。竹类分布面积广，种类多，有毛竹（*Phyllostachys heterocycla*）、车筒竹（*Bambusa sinospinosa*）、硬头黄竹（*Bambusa rigida*）、多种慈竹、刚竹（*Phyllostachys sulphurea*）、花孝顺竹（*Bambusa multiplexf*）、凤尾竹（*Bambusa multiplex*）、水竹（*Phyllostachya heteroclada*）等。大面积的竹林是本植被区的特色之一。在湿热河谷的竹林下有较多热带区系的植物，如桫椤（*Alsophila spinulosa*）、乌毛蕨（*Blechnum orientale*）、莲座蕨（*Angiopteris fokiensis*）等。该区针叶林以杉木林和马尾松林较普遍，紫色土上还分布有柏木疏林，本区南部有小片福建柏林，东部金佛山有银杉（*Cathaya argyrophylla*）分布。此外，该区山地垂直带谱明显，在山地河谷由于"焚风效应"，可出现扭黄茅（*Heteropogon contortus*）、仙巴掌（*Opuntia monacantha*）、金刚篆（*Phorbia neriifolia*）等热性草丛和肉质灌丛；海拔 1800 米以下为常绿阔叶林，主要种类如前所述；1800~2300 米为常绿、落叶混交林，主要树种有包石栎、峨眉栲、曼青冈（*Cyclobalanopsis oxyodon*）、贵州青冈（*Cyclobalanopsis argyrotricha*）、米心水青冈（*Fagus engleriana*）、珙桐（*Davidia involucrata*）、光叶珙桐（*Davidia involucrata* var. *vilmoriniana*）、水青树（*Tetracentron sinense*）、连香树（*Cercidiphyllum japonicum*）、香桦（*Betula insignis*）及多种槭树；2300~3400 米是以冷杉（*Abies fabri*）、油麦吊云杉（*Picea brachytyla*）、云南铁杉（*Tsuga dumosa*）、铁杉（*Tsuga chinensis*）等组成的针叶林，3400~3600 米以上是以箭竹（*Fargesia spathacea*）、高山栎（*Quercus semicarpifolia*）、杜鹃（*Rhododendron simsii*）等为主的灌丛或以中华羊茅（*Festuca sinensis*）等为主的草甸。栽培植被非常丰富。一类以水稻（*Oryza sativa*）为主，根据水源情况，可一年三熟、两熟或一熟；一类是以一年两熟或三熟的旱作为主，主要作物有玉米（*Zea mays*）、甘薯（*Dioscorea esculenta*）、花生（*Arachis hypogaea*）、小麦（*Triticum aestivum*）、豌豆（*Pisum sativum*）等。经济作物中以甘蔗（*Saccharum officinarum*）著名，是四川产糖区。乌桕（*Sapium rotundifolium*）、油桐（*Vemicia fordii*）、白蜡（*Fraxinus chinensis*）、油茶（*Camellia oleifera*）等也有广泛分布，还有较大面积茶园。果树有龙眼（*Ferocactus viridescens*）、荔枝（*Litchi chinensis*）、甜橙（*Citrus sinensis*）等，栽培历史悠久，品质优良。

（2）ⅣBi-1 滇中滇东高原、盆地、谷地滇青冈（*Cyclobalanopsis glaucoides*）、栲类、云南松（*Pinus yunnanensis*）林区。本区位于滇中滇东高原的中部，以宣威、曲靖、昆明、楚雄、下关一线为轴心的广大地区。境内高原面完整，地势自西北向东南稍有下降。高原盆谷（坝子）星罗棋布，湖泊一般为断层陷落湖，如滇池山洱海、抚仙湖。气候主要受西南季风影响，坝区年均气温 14~17℃，最热月（4~5 月）均温 19~22℃，最冷月（1 月）均温 8~10℃，绝对最低温不低于 -6℃，≥10℃年积温 4500~5500℃，年降水量 700~1200 毫米，季节分布不均，具明显干湿季节。地带性植被是以滇青冈（*Cyclobalanopsis glaucoides*）、黄毛青冈

（Cyclobalanopsis delavayi）、高山栲（Castanopsis delavayi）、元江栲（Castanopsis concolor）等为主组成的常绿阔叶林，伴生少量落叶和硬叶栎属、冬青属的成分，反映生境条件偏干。现在常绿阔叶林保存面积很小，大面积分布的是云南松林，云南松林是我国亚热带西部半湿润的代表性群系，并伴生华山松（Pinus armandii）、滇油杉（Keteleeria evelyniana）。石灰岩山原偶有冲天柏（Cupressus duclouxiana）、刺柏（Juniperus formosana）疏林。在海拔2500~2800米的山地，湿度增加，包石栎成为常绿阔叶林的建群种，林内苔藓、蕨类植物的种类和种群数量显著增加，华山松、旱冬瓜（Alnus nepalensis）分布普遍。2500米以上的山地多见常绿栎类萌生灌丛，2500米以下由栓皮栎（Quercus variabilis）取代。另有大面积的刺芒野古草（Arundinella setosa）、白健杆（Eulalia pallens）、旱茅（Schizachyrium delavayi）等组成的耐旱禾草草丛。高原湖泊水生植被也具有高原特色，沉水植物以大叶型的滇海菜花（Ottelia acuminata）为标志。

（3）Ⅳ Bi-2 川滇金沙江峡谷云南松林、干热河谷植被区。本区位于金沙江流域下游地区，东面以大凉山黄茅埂为界，西沿三江口到剑川以玉龙山为界，西北紧靠青藏高原，南面包括滇中高原以北的中山峡谷地带，川西南山地大部属于本区范围。地势东北高、西南低，地貌以高、中山峡谷为主。最高峰王龙山海拔5596米，最低永善县金沙江边450米，垂直分异十分明显。山高谷深，山川岭谷近于纵向平行排列。南部为中山峡谷地貌，东部属凉山山原。气候属西部亚热带高原季风类型，"四季如春，干湿季分明"。如西昌一带年均气温17.1℃，最热月均温22.7℃，最冷月均温9.5℃，≥10℃年积温5350℃，绝对最低温-3.4℃；年均降水量1040毫米，集中于5~10月的雨季。但因地形复杂，海拔高低悬殊，不同区域差异很大。特别是河谷因"焚风效应"而形成较为特殊的干热气候，人们称为"干热河谷"。地带性植被主要树种是滇青冈、黄毛青冈、高山栲、滇石栎（Lithocarpus dealbatus）等，分布。在1500~2500米的阴坡或半阴坡，沟谷湿润处林中伴有少量樟科和山茶科的种类。海拔2500~2800米，发育着以包石栎和多变石栎（Lithocarpus variolosus）为主的湿性常绿阔叶林。云南松林的大面积分布是本区植被特征之一，从海拔3200米可以下降到1100米。海拔2800~3200米发育着由云南铁杉、糖槭（Acer saccharum）、桦（Betula）、冷杉组成的针阔混交林；3000~3900米出现了由长苞冷杉（Abies georgsi）、冷杉、川滇冷杉（Abies forrestii）、川西云杉（Picea likiangensis）等组成的山地寒温性针叶林和川滇高山栎（Quercus aquifolioides）、黄背栎（Quercus pannosa）组成的山地硬叶常绿栎林；3900米以上为亚高山灌丛和草甸带；4200米的山脊为流石滩植被；干热河谷底部有热性稀树灌木草丛。

（4）Ⅳ Bi-3 滇西山地纵谷具有铁杉、冷杉垂直带的森林区。本区位于云南省西部偏北，南以泸水、云龙为界，东沿剑川、石鼓至哈巴雪山，再折向西经中甸，至碧罗雪山南端往西连国界，西边以国界连缅甸。地势西北高，东南低，西部以高山纵谷地貌为主，高黎贡山、怒山、云岭山脉和怒江、澜沧江南北贯穿，高山多在4000米左右，峡谷底部2000

多米。南部和东部以3000~3500米的中山为主，并与滇中高原连接。地形崎岖、山谷相间，垂直分带明显。气候夏季温凉，冬季寒冷，有干湿季之分而无四季之别。受西南季风影响，西坡为迎风坡、湿度由西向东递减，气温以兰坪（2300米）、维西（2400米）为例，年均气温11℃多，≥10℃年积温3300℃，最热月均温17~18℃，最冷月不足4℃，年降水量1000毫米左右。土壤为红壤、黄壤和黄棕壤。地带性植被为亚热带常绿阔叶林，海拔为2500米以下，以高山锥（Castanopsis delavayi）、元江栲（Castanopsis concolor）、印度木荷（Schima skhasiana）为主。2500米以上，常绿阔叶林以曼青冈、杜英（Elaeocarpus decipiens）、润楠（Machilus pingii）为主，但面积较小；云南松林面积大，可分布至3200米。2700~3300米主要为云南铁杉林，混交有云南黄果冷杉（Abies ernestii）、华山松、红桦（Betula albosinensis）、川滇高山栎等。3300~3600米为以长苞冷杉（Abies georgei）为主的寒温性针叶林，混交丽江云杉（Picea likiangensis）和大果红杉（Larix potaninii）。南部为苍山冷杉（Abies delavayi）林和曲枝圆柏（Sabina recurva）林，3600米以上为亚高山杜鹃灌丛和高山草甸。

（5）IVBii-I滇桂石灰岩丘陵润楠、青冈栎、细叶云南松林区。本植被区包括云南的东南部、广西西部的一部分，即：哀牢山以东的元江、红河、个旧、文山、西畴、广南和富宁，广西的隆林和西林等地。地貌属于滇东南岩溶山原南部，基质为泥盆系至三叠系岩层，其中石灰岩分布最普遍。山原海拔高度1300~1800米，西部地势较高，向东渐次降低而呈丘陵状的高原面貌。气候上夏秋兼受西南季风和东南季风控制，冬春则受西部热带大陆气团的影响。夏季炎热而冬季常会受到寒潮波及。年平均气温17.5~21℃，1月均温10~12℃，极端最低温达-4.4℃（富宁）；年降水量900~1200毫米，集中于5~10月，全年仍有干湿季之分。由于哀牢山对西南季风的阻拦，区内背风面低平地区及河谷"焚风效应"显著，气候干燥，但在东南部因受东南季风作用，山原显得较温暖湿润。本植被区的土壤类型主要为砂页岩、千枚岩、花岗岩发育成的赤红壤、红壤、山地黄壤以及石灰岩地区的红色和黑色石灰土、干热河谷出现的红褐土。主要植类型季风常绿阔叶林一般分布在850~1400米的山原上，组成种类以刺栲、木莲为优势。在一些低海拔的河谷地，由于水湿条件较好，出现由毛麻楝（Chukrasia tabularis）、红果葱臭木（Dysoxylum binectariferum）、仪花（Lysidice rhodostegia）、大果榕（Ficus auriculata）等组成季雨林层片，并沿东部的南盘江、驮娘红谷地向北楔入。在干热的河谷地段出现热带性较强的稀树灌木草丛，组成种类有火绳树（Eriolaena spectabilis）、木棉（Gossampinus malabarica）、蒙自合欢（Albizia bracteata）、千张纸（Oroxylum Indicum）、毛黄杞（Engelhardia spicata var. colebrookiana）及扭黄茅等。在岩石裸露的地段还出现由绿仙人掌（Opuntia monacantha）、霸王鞭（Euphorbia royleana）、金合欢（Acacia farnesiana）等组成的肉质刺灌丛。在海拔1300米以上的河谷两岸山坡上出现有细叶云南松林和云南松林，并常与栓皮栎（Quercus variabilis）、高山栲、毛叶青冈（Cyclobalanopsis kerrii）等组成针、阔叶混交林。在石灰岩地段除局部出现有滇润楠

（*Machilus yunnanensis*）、青冈及混有蚬木（*Excentrodendron hsienmu*）等组成的季风常绿阔叶林外，一般以清香木（*Pistacia weimannifolia*）、化香树（*Platycarya strobilacea*）、黄杞、粗糠柴（*Mallotus philippinensis*）等组成灌丛林。本区的栽培植被多在海拔1500米以下河谷或坡面地段，水源条件良好的地段一般以双季稻为主，其他作物有玉米、小麦、荞麦、花生和甘蔗、烟叶等，多为一年一熟。果树有柑橙、番石榴（*Psidium guajava*）、龙眼、荔枝和番木瓜（*Carica papaya*）等。

（6）IVBii-2 滇中南山地峡谷栲类、红木荷、思茅松（*Pinus kesiya*）林区。本植被区位于云南的西南部，东以哀牢山分水岭为界，澜沧江纵贯全区并分东西两侧部分，包括澜沧、思茅、临沧、水德、保山、镇源和普洱等地。全区为中山与峡谷相间的地貌，山脉和河流相间，并大体上呈南北走向，河谷深切，大部分分水岭为中山山地，其间形成众多的宽谷盆地及低山丘陵，山地海拔高达2000米，个别达3000米，宽谷为1000~1300米，河谷底部一般为800米左右。土壤主要类型为花岗岩、砂页岩发育的赤红壤、山地红壤和黄壤。本区属高原盆谷气候，特点是：夏秋热而湿，冬春暖而燥。年平均温17~19℃，1月均温11~12.5℃，绝对最低温多年平均值在0℃以上；年降水量1200~1600毫米，分配不均而有干湿季之分。峡谷因受焚风影响，特别干热，而中山上部则又温凉多湿，气候垂直变化明显。植被中的代表类型为以刺栲、印栲和红木荷等组成的季风常绿阔叶林，分布于1100~1300米低山丘陵和阶地上，在暖湿坡面或沟谷中组成种类复杂，呈雨林的一些特征；在海拔1100~1500米的山地分布有大面积的思茅松林，林内常混生有栲类、木荷等组成的松、栲类等针、阔叶混交林；在海拔1500~2400米山地则由元江栲、小果栲（*Castanopsis microcarpa*）及滇青冈等组成山坡常绿阔叶林；在海拔2400米以上的山顶地段出现由云南铁杉、石栎、木荷、木莲和槭树等组成的山地针阔叶混交林。局部出现成片的云南铁杉纯林并附生有大量的苔藓地衣植物，呈苔藓林。在海拔1100米以下的河谷地带，环境干热则出现由木棉（*Gossampinus malabarica*）、毛麻楝、偏叶榕（*Ficus semicordata*）、滇榄仁（*Terminalia franchetii*）、火把花（*Colquhounia coccinea*）等组成的季雨林及由厚皮树、白头树（*Garuga forrestii*）和虾子花（*Woodfordia fruticosa*）等组成的稀树灌丛；在宽谷附近的低山丘陵还有较大面积的云南松林分布。栽培植被出现于海拔700~1400米，以双季稻为主的一年三熟制，作物除稻、玉米、小麦和豆类外，还有甘蔗、花生、棉花等经济作物。经济林以茶叶为最好。

（7）IV Biii-2 横断山南部峡谷云杉、冷杉林、钩锥（*Castanopsis tibetana*）林区。本区西起伯舒拉岭，北界为本区与横断山脉北部山原区的界线一致，界线呈"U"字形，最北端约北纬31°，南界是西部（半湿润）中亚热带常绿阔叶林地带线，东至大雪山的西坡。横断山脉在本区发育典型，纵向山河紧密排列，由西至东的大江有怒江、澜沧江、金沙江、雅砻江。大山脉有怒山、云岭、沙鲁里山、大雪山。最高峰海拔6324米，最低海拔2300米，一般山脊多在5000米左右，雪线较高（5400米），现代冰川不好发育。本区气候受东南季风影响极小，由于重山阻隔，西南季风影响也大为削弱。由于焚风和内陆峡谷效应，河谷下部坡地干燥但热量充足。以巴塘、德钦、贡山等气象站资料综合分析，河谷地区年均气温12.5℃左右，高原面上年均气温0℃左右。干热河谷气候主要出现在南北间的深谷中，如金沙江、怒江、澜沧江及其支流玉曲南段。植被类型比较复杂，垂直带谱明显。深切河谷谷坡，为干旱河谷有刺灌丛，海拔3200~4200米为森林带，阴坡主要由川西云杉、鳞皮冷杉（Abies squamata）、大果红杉、高山松（Pinus densata）等分别组成纯林或混交林。阳坡多以川滇高山栎为主形成大面积的矮林，另有大果圆柏疏林或香柏灌丛，局部地段还有黄果冷杉林、黄杉（Pseudotsuga sinensis）林分布。林线以上为灌丛草甸带，阴坡以毛嘴杜鹃（Rhododendron trichostomum）灌丛为主。阳坡以嵩草草甸为主，也有香柏（Sabina pingii）灌丛。高原面上的湖泊或积水地，有一些沼泽。流石滩不连续，犬牙交错。

（8）VBi-1 滇东南峡谷山地半常绿季雨林、湿润雨林区。本植被区位处云南省的东南部，南缘与越南接壤，包括麻栗坡、河口、金平和江城等地。境内地形属哀牢山系向南伸延的丘陵山地，地势向东南倾斜，山脉与河流相间，并呈西北—东南走向。山地海拔一般为2000米左右，河谷多为100~400米，为起伏较大的峡谷地貌。基质主要由花岗岩、片麻岩、千枚岩及石灰岩构成，构造较复杂。本区仍受热带海洋的东南季风影响，特别是背靠高原而河谷向东南开口，有利于湿热气流循河谷向北深入，故河谷高温湿润，年平均气温22~23℃，最冷月均温15℃，年降水量达2000毫米，地形雨充沛，且云雾多，湿度大。土壤类型主要为砖红壤、赤红壤。一般分布在500~1000米以下，其中湿润雨林下为黄色砖红壤，海拔1000米以上为山地黄壤，河谷地带分布有冲积土等。主要植被类型：在海拔500米以下的河谷分布着含云南龙脑香（Dipterocarpus retusus）、毛坡垒（Hopea mollissima）、隐翼（Crypteronia paniculata）等组成的湿润雨林，群落结构和生态等方面的特点近似于东南亚的赤道雨林；在海拔500米以上及1200米河谷山坡上分布有由千果榄仁（Terminalia myriocarpa）、见血封喉（Antiaris toxicaria）、八宝树（Duabanga grandiflora）等组成的半常绿季雨林或由木棉、楹树（Albizia chinensis）、南岭楝树（Melia dubia）和羽叶楸（Stereospermum chelonoides）等组成的落叶性季雨林；在海拔800~1500米的山地还有由盆架树（Winchia calophylla）、缅漆（Semecarpus reticulata）、假含笑（Paramichelia baillonii）和红木荷、云南蕈树（Altingia yunnanensis）等组成的山地常绿阔叶林等，以上各类型多为片状分布。次生的类型主要有中平树（Macaranga denticulata）、毛叶黄杞和四脉金茅（Eulalia quadrinervis）等组成的灌草丛。此外，在金平和麻栗坡一带的石灰岩山地还有由假玉桂（Celtis timorensis）、多花白头树（Garuga floribunda）等组成的石灰岩季雨林及石山灌丛。栽培植被垂直变化也明显，海拔500米以下，粮食作物有双季稻和玉米等；经济作物有甘蔗、花生、木薯等；经济林以橡胶林为主，是云南种植橡胶树的重要基地之一。海拔500~1500米之间为一年两熟区，以玉米、水稻为主，1500 米以上为一年一熟区，主要作物为洋芋（*Solanum tuberosum*）或荞麦（*Fagopyrum esculentum*）。

（9）VBi-2 西双版纳山地、盆地季节雨林、季雨林区。本植被区位处云南省的南部，南界与老挝和缅甸接壤，澜沧江纵贯中部，包括西双版纳和澜沧、思茅的南部。地貌为变质岩、花岗岩、千枚岩和红色砂岩等构成的山地丘陵，地势北高南低。海拔高 500~1500 米，山地与盆谷相间且盆地面积大，一般海拔为 900~1100 米，南部河谷盆地宽阔且地势偏低，海拔为 500~800 米。盆地周围还有相对高 100 米以下的低丘台地。本区气候特点是：热水平衡状况较好，年平均气温 20~22℃，最冷月均温 15℃，≥10℃的年积温 7500~8000℃之间，绝对最低气温多年平均值在 5℃以上，冬季寒潮影响少；年降水量为 1200~2000 毫米，集中于雨季，而干、湿季节分明。土壤的主要类型在海拔 800m 以下为砖红壤，800m 以上属赤红壤、红壤，局部石灰岩地区有棕、红色石灰土。主要植被类型——季节雨林和半常绿季雨林，一般分布在海拔 1000 米以下的低山丘陵。前者的组成种类主要有高山榕（*Ficus altissima*）、橄榄（*Canarium album*）、葱臭木（*Dysoxylum excelsum*）、番龙眼（*Pometia pinnata*）、千果榄仁和金刀木（*Planchonia papuana*）等，在东南部的勐腊县还有以望天树（*Parashorea chinensis*）为单优势种组成的季节雨林；后者的主要组成种类有高山榕、麻楝、樟叶朴（*Celtis timorensis*）、那那果（*Flacourtia ramontchii*）等，在局部石灰岩地区还出现由以四数木（*Tetrameles nudiflora*）为主组成的石灰岩季雨林等。在千米以上的山地则为山地常绿林分布，主要种类有缅漆、滇楠（*Phoebe nanmu*）、假含笑和刺栲、印栲、红木荷及云南樟（*Cinnamomum glanduliferum*）等，并组成各种类型。此外，还有思茅松和银叶栲（*Castanopsis argyrophylla*）及粗叶水锦树（*Wendlandia scabra*）等组成次生林及灌丛。栽培植被主要农作物是水稻、旱稻和豆类，熟制因海拔高度不同而变化，海拔 600~1200 米的坝区为双季稻或中稻—小麦和甘蔗；旱地为旱稻或玉米；1200~1600 米主要为玉米、小麦，其中 1400~1600 米主要种植茶叶等。

（10）VBi-3 滇西南河谷山地半常绿季雨林区。本植被区位处云南省的西南角，与缅甸接壤。包括德宏傣族、景颇族自治州的大部分和临沧的最西部，瑞丽江、太平江和南定河中游流域向西南斜贯区内。地形为高黎贡山和怒山向南伸延的余脉构成的山地丘陵，一般海拔高 1500 米，个别山峰达 2500 米。河谷发育而宽阔，海拔一般为 400~500 米，最低的羯羊河谷为 210 米。本区的地势向西南倾斜，河谷向西南开敞，因而西南季风可长驱直入，加之受地形的作用，对西南暖湿气流的抬升致雨作用显著，气候温暖而湿润，年平均气温 19~21℃，≥10℃的年积温 7500℃，极端最低气温 2~3℃，温差小，终年基本无霜，年降水量 1500~1700 毫米，90% 集中于 5~10 月的雨季，干、湿季分明。土壤类型中的砖红壤、赤红壤和石灰岩的黑色石灰土主要分布在海拔 900 米以下的低山丘陵；900 米以上为红壤和山地黄壤。由于暴雨多，土壤冲刷较重，土层较薄而多碎石，土体显得干燥。此外，盆谷地为冲积土。植被类型中的季节雨林和常绿季雨林主要分布在海拔1000米以下的丘陵山地及河谷，其中季节雨林主要分布在南定河下游沟谷，主要组成种类有番龙眼、千果榄仁、滇龙眼（*Dimocarpus yunnanensis*）、八宝树、白头树和心叶水团花（*Adina cordifolia*）等。森林特征与西双版纳的相似，季雨林分布于河谷；山坡，主要组成种类有高山榕、麻楝及木棉、西南猫尾木（*Markhamia stipulata*）和火绳树等，有时成为半常绿季雨林和落叶季雨林；在羁羊河一带还保存有小片的阿萨姆娑罗双（*Shorea assamica*）林和柚木（*Tectona grandis*）林等。在千米以上的山地则为刺栲、印栲、红木荷或由樟类等组成的山地常绿阔叶林等。丘陵山地的次生植被主要为由余甘子（*Phyllanthus emblica*）、水锦树、木紫珠（*Callicarpa arborea*）、圆锥水锦树（*Wendlandia paniculata*）等及五节芒（*Miscanthus floridulus*）、白茅（*Imperata cylindrica*）等组成的稀树灌丛。此外，在潞西的芒市坝等地区还有小片云南松林分布。栽培植被方面，在海拔600米以下为双季稻，水利条件好的地段可以发展三季稻，旱地则种植中玉米—晚玉米或花生和豆类等。此外，还有水稻与甘蔗轮作制。热带作物中的橡胶林成片分布，种植咖啡的历史也非常悠久。

（11）VBi-4a 察隅长毛羯布罗香、红果葱臭木、栲、红木荷小区。本植被小区东自拉伯舒岭，西止于祈灵公山，北起于察隅河与帕隆藏布分水岭，南抵国境线，包括察隅河流域和独龙河上游地区。境内山脉的重重阻隔与水道的迂回曲折，使得南来的水汽沿河谷运行受到很大的障碍，其结果是内部谷地比前山地带要干旱得多。在海拔约700米的前门里，处于察隅河折向西南流的弯曲部位，水汽得以直达，年降水量可达4417毫米；在海拔约1100米的瓦弄，位于察隅河向西北急拐的上端，湿润气流受到阻隔，年降水量仅为1931毫米；从瓦弄往上折向东去的吉公，海拔为2327米，年降水量下降到764毫米，仅为前者的1/5。从此可见，地形对局部地区气候的显著影响。这种内干外湿的差异，同样地在植被的分布上反映出来。植被分布的特点：在海拔900米以下分布着由龙脑香等植物组成的常绿季雨林，再从常绿季雨林往上到海拔2400米，分布着山地常绿阔叶林带。通常在1800米以下的山地出现栲树（*Castanopsis fargesii*）和西南木荷（*Schima wallichii*）、榕（*Ficus* spp.）、云南黄杞（*Engelhardia spicata*）、木紫珠等组成的常绿阔叶林；而在内部河谷的阴坡则分布有环青冈（*Cyclobalanopsis annulata*）、曼青冈林；在海拔1800~2400m，曼青冈林分布在阴坡和沟谷内；但在阳坡则经常被云南松林所占据，局部地方还可分布到2700~2900m处；它们是在常绿阔叶林遭受破坏后而发展起来的，并由于经常的火烧而得到很好的发育。云南松林更新良好，林下的实生苗高低不一，生长着茂密的蕨菜（*Pteridium aquilinurm*），在海拔较低处还可见有环青冈混生其间。海拔2400~3200米（在干河谷的山坡可达3600米）由云南铁杉林（潮湿的山坡和阴坡）和川滇高山栎（*Quercus aquifolioides*）（阳坡）林组成山地针叶、阔叶混交林带。云南铁杉林中出现有高大的乔木状的凸尖杜鹃（*Rhododendron sinogrande*）、黑穗箭竹、藤本植物和附生植物。从山地针叶、阔叶混交林带往上到4200米（在内部河谷可达4500米）一带，为山地针叶林带。构成针叶林带的主要植物群落有急尖长苞冷杉（*Abies georgei*）林、川西云杉（*Picea likiangensis*）林和局部分布的大果圆柏（*Juniperus tibetica*）林、大果红杉（*Larix potaninii*）林。后者分布在冰碛物堆积较多的山坡上。在针叶林遭受破坏后，常代之以杨（*Populus*）、糙皮桦（*Betula utilis*）林和杜鹃（*Rhododendron simsii*）灌丛、柳（*Salix* spp.）灌丛、高山柏（*Sabina squamata*）灌丛。在河滩上多分布有柳、牛奶子（*Elaeagnus umbellata*）、云南沙棘（*Hippophae rhamnoides* subsp. *yunanensis*）等灌丛。在察隅河西支的山峰上，发育有海洋性的冰川，其中的阿札冰川沿着谷地楔入森林带内而延伸到海拔2500米处，冰下流水潺潺，冰川两侧的山坡上裸露的岩屑坡与川西云杉林镶嵌地交错分布。在冰川下部的冰碛物上，首先出现的是藏川杨（*Populus szechuanica* var. *tibetica*）、水柏枝（*Myricaria wardii*）、沙棘（*Hippophae rhamnoides*）、双柱柳（*Salix bistyla*）的个别植株。其后，随着岁月演替，先后出现有藏川杨、沙棘、水柏枝的疏林，藏川杨、沙棘疏林，藏川杨林和高山松、藏川杨林。由雪层杜鹃（*Rhododendron nivale*）和小嵩草（*Kobresia pygmaea*）草甸构成的亚高山灌丛、草甸带占据着4200~4800米之间。往上，植物逐渐稀少，在光裸的砾石、岩石之间零性地散布着风毛菊（*Saussurea japonica*）、矮垂头菊（*Cremanthodium humile*）、簇生柔子草（*Thylacospermum caespitosum*）、糖芥、绢毛菊（*Soroseris glomerata*）、单花莴苣（*Lactuca gombalana*）、扭连线（*Phyllophyton complanatum*）、条果芥（*Parrya exscapa*）、红景天（*Rhodiola rosea*）、虎耳草（*Saxifraga stolonifera*）等和各种地衣，雪线通常在阳坡为海拔4800米，阴坡为5300米。在长年覆雪的地方，发现有跳虫和红色、绿色雪藻（阿札冰川）。栽培植被在海拔900米以下，作物一年可三熟，有稻米、玉米、花生、甘薯、烟草等，但当地居民一般种旱稻为多；热带经济作物和茶叶等在这里均可发展；在1800米以下可以一年两作，有稻、玉米和冬小麦等作物，茶叶和一些喜暖的果树，如柑、橙、无花果等可以种植；在海拔2400~3200米，由于气温较低，只能种冬小麦、青稞和豌豆等。在高山带内，除灌丛、草甸带可放牧牦牛、山羊外，已不复见有农业。

3. 地形指标

地形地貌条件对云南植被的生态地理特点的形成有十分重要的影响。依据云南地形的DEM数据将云南省地形地貌分为6个区域，分别是滇东南喀斯特中小起伏中山，滇西南高中山，滇中中高山盆地，黔北喀斯特中起伏中山，桂西喀斯特中、小起伏低山盆地和横断山极大、大起伏高山（图3-4）。

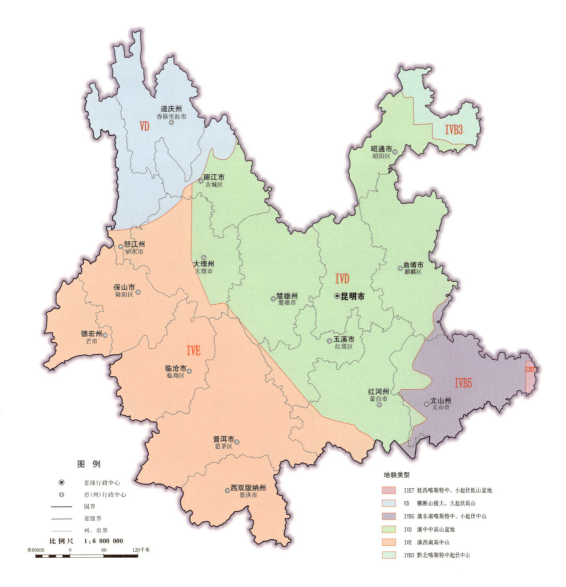

图 3-4 云南省地貌类型区划

4. 主导生态功能指标

云南省发挥着重要的生态功能，生态区位优势显著，国家重点生态功能区（国务院，2010）、生物多样性保护优先区（国家环境保护部，2010）、全国重要生态系统保护和修复重大工程（国家发展改革委、自然资源部，2020）和国家级自然保护区在云南均有分布，这些区域能够突显出云南地区的主导生态功能，可以作为云南省森林生态监测区划的主导生态功能指标。

（1）国家重点生态功能区。2010 年，在全国陆地国土空间及内水和领海（不包括香港、澳门、台湾地区）范围内，经过对土地资源、水资源、环境容量、生态系统重要性、自然灾害危险性、人口集聚度以及经济发展水平和交通优势等因素的综合评价，编制了《全国主体功能规划》，以保障国家生态安全重要区域，人与自然和谐相处的示范区为功能定位，经综合评价建立包括大兴安岭森林生态功能区等25个地区，总面积约386万平方千米。

国家重点生态功能区主要分为4种类型：水源涵养型、水土保持型、防风固沙型和生物多样性维护型。云南地区包括桂黔滇喀斯特石漠化防治生态功能区、川滇森林及生物多样性生态功能区（表3-4）。

表3-4 云南省重要生态功能区域

区域	类型	综合评价	发展方向
川滇森林及生物多样性生态功能区	生物多样性维护	原始森林和野生珍稀动植物资源丰富，是大熊猫、羚牛、金丝猴等重要物种的栖息地，在生物多样性维护方面具有十分重要的意义。目前山地生态环境问题突出，草地超载过牧，生物多样性受到威胁	保护森林、草地植被，在已明确的保护区域保护生物多样性和多种珍稀动植物基因库
桂黔滇喀斯特石漠化防治生态功能区	水土保持	属于以岩溶环境为主的特殊生态系统，生态脆弱性极高，土壤一旦流失，生态恢复难度极大。目前生态系统退化问题突出，植被覆盖率低，石漠化面积加大	封山育林育草，种草养畜，实施生态移民，改变耕作方式

（2）生物多样性保护优先区。《中国生物多样性保护战略与行动计划（2011—2030年）》划定的中国生物多样性保护优先区为森林生态系统观测网络重要布局区域划分指标。《中国生物多样性保护战略与行动计划（2011—2030年）》根据我国的自然条件、社会经济状况、自然资源以及主要保护对象分布特点等因素，将全国划分为8个自然区域，即东北山地平原区、蒙新高原荒漠区、华北平原黄土高原区、青藏高原高寒区、西南高山峡谷区、中南西部山地丘陵区、华东华中丘陵平原区和华南低山丘陵区。综合考虑生态系统类型的代表性、特有程度、特殊生态功能，以及物种的丰富程度、珍稀濒危程度、受威胁因素、地区代表性、经济用途、科学研究价值、分布数据的可获得性等因素，划定了35个生物多样性保护优先区域，包括大兴安岭区、三江平原区、祁连山区和秦岭区等32个内陆陆地及水域生物多样性保护优先区域，以及黄渤海保护区域、东海及台湾海峡保护区域和南海保护区域等3个海洋与海岸生物多样性保护优先区域。云南省主要包括横断山南段区、苗岭—金钟山—凤凰山区和西双版纳区3个生物多样性保护优先区。

（3）全国重要生态系统保护和修复重大工程。《全国重要生态系统保护和修复重大工程总体规划（2021—2035年）》所布局的重要生态系统保护和修复重大工程是森林生态系统观测网络重要布局区域划分指标。

全国重要生态系统保护和修复重大工程总体规划（2021—2035年）在全面分析全国自然生态系统状况及主要问题、与《全国生态保护与建设规划（2013—2020年）》及正在推动的国土空间规划体系充分衔接的基础上，以"两屏三带"及大江大河重要水系为骨架的国家生态安全战略格局为基础，突出对国家重大战略的生态支撑，统筹考虑生态系统的完整性、地理单元的连续性和经济社会发展的可持续性，研究提出了到 2035 年推进森林、草地、荒漠、河流、湖泊、湿地、海洋等自然生态系统保护和修复工作的主要目标，以及统筹山水林田湖草一体化保护和修复的总体布局、重点任务、重大工程和政策举措，将全国重要生态系统保护和修复重大工程规划布局在青藏高原生态屏障区、黄河重点生态区（含黄土高原生态屏障）、长江重点生态区（含川滇生态屏障）、东北森林带、北方防沙带、南方丘陵山地带、海岸带等重点区域。云南涉及区域主要是长江重点生态区（含川滇生态屏障）生态保护和修复重点工程中的横断山区水源涵养与生物多样保护和长江上中游岩溶地区石漠化综合治理，工程涉及 85 个县（市、区）。

（4）云南省生态功能区。重点生态功能区的功能定位是保障国家及省区生态安全的主体区域，全省乃至全国重要的生态功能区，人与自然和谐相处的生态文明区。

云南省生态功能区共分一级区（生态区）5 个、二级区（生态亚区）19 个、三级区（生态功能区）65 个（附表 1），最终形成"三屏两带"的生态安全战略格局。"三屏"是青藏高原南缘生态屏障、哀牢山—无量山生态屏障、南部边境生态屏障；"两带"是金沙江干热河谷地带、珠江上游喀斯特地带。

云南省生态功能区分为 7 种类型（附表 2），即：农产品提供、林产品提供、生物多样性保护、土壤保持、水土涵养、农业与集镇以及城市群。限制开发的重点生态功能区界限划分尽量与自然地理格局相一致，避免破碎化。

5. 云南省自然保护区

生态站需设置于具有稳定的长期土地使用权的区域，才能保证生态站的长期稳定运行。同时，保护区是生物多样性保护的优先区域，是设置生物多样性保护生态站的主要指标。

截至 2014 年 12 月底，云南省已建各种类型、不同级别的自然保护区 162 个，总面积 283.51 万公顷，占全省国土总面积的 7.4%，自然保护区数量位居全国第 6 位，自然保护区面积位居全国第 9 位，面积占比低于全国自然保护区 14.9% 的平均水平，基本形成了布局较为合理、类型较为齐全的自然保护区网络体系。

自然保护区按级别分为国家级、省级、州（市）级和县（市、区）级自然保护区。

（1）国家级自然保护区 21 个，面积 150.96 万公顷，分别占全省自然保护区总数的 12.6% 和总面积的 53.2%。

（2）省级自然保护区 38 个，面积 67.48 万公顷，分别占全省自然保护区总数的 23.9% 和总面积的 23.8%。

（3）州（市）级自然保护区 57 个，面积 42.60 万公顷，分别占全省自然保护区总数的 36.5% 和总面积的 15.0%。

（4）县（市、区）级自然保护区 46 个，面积 22.47 万公顷，分别占全省自然保护区总数的 27.0% 和总面积的 8.0%。

(四）空间数据库

1. 数据处理方法

温度和水分指标为栅格图像，通过定义投影，进行几何纠正和矢量化获得温度和水分指标图层；DEM 数据通过定义投影，进行几何纠正后获得云南地形指标图层；中国植被区划通过定义投影，进行几何纠正和矢量化获得云南植被区划图层；重点生态功能区和生物多样性保护优先区为栅格图像，定义投影后，进行几何纠正和矢量化，获得重点生态功能区和生物多样性保护优先区数据图层。

2. 空间插值方法

空间插值法是指人们为了解各种自然现象的空间连续变化，将离散的数据转化为连续曲面的方法，主要分为两种，即：空间确定性插值和地统计学方法。

（1）空间确定性插值。空间确定性插值包括反距离加权插值法、全局多项式插值法、局部多项式插值法和径向基函数插值法等，各方法的具体内容见表3-5。

表 3-5　空间确定性插值

方法	原理	适用范围
反距离加权插值法	基于相似性原理，以插值点和样本点之间的距离为权重加权平均，离插值点越近，权重越大	样点应均匀布满整个研究区域
全局多项式插值法	用一个平面或曲面拟合全区特征，是一种非精确插值	适用于表面变化平缓的研究区域，也可用于趋势面分析
局部多项式插值法	采用多个多项式，可以得到平滑的表面	适用于含有短程变异的数据，主要用于解释局部变异
径向基函数插值法	一系列精确插值方法的组合；即表面必须通过每一个测得的采样值	适用于对大量点数据进行插值计算，可获得平滑表面，但如果表面值在较短的水平距离内发生较大变化，或无法确定样点数据的准确度，则该方法并不适用

由上可知，空间确定性插值主要是通过周围观测点的值内插或者通过特定的数学公式内插，较少考虑观测点的空间分布情况。

（2）地统计学方法。地统计学主要用于研究空间分布数据的结构性和随机性、空间相关性和依赖性、空间格局与变异等。该方法以区域化变量理论为基础，利用半变异函数，对区域化变量的位置采样点进行无偏最优估计。空间估值是其主要研究内容，估值方法统称为 Kriging 方法。Kriging 方法是一种广义的最小二乘回归算法。半变异函数公式如下：

$$\gamma(h) = \frac{1}{2N(h)} \sum_{a=1}^{N(h)} [z(u_a) - Z(u_a + h)] \tag{3-2}$$

式中：$z(u_a)$——位置在 a 的变量值；

$N(h)$——距离为 h 的点对数量。

Kriging 方法在气象方面的使用最为常见,主要可对降水、温度等要素进行最优内插,在本研究中可使用该方法对省域尺度气象数据进行分析。由于球状模型用于普通克里格插值精度最高,且优于常规插值方法(何亚群等,2008),因此,本书采用球状模型进行变异函数拟合,获得省域尺度降水、温度等要素的最优内插。球状模型见公式(3-3):

$$\gamma(h)=\begin{cases} 0 & h=0 \\ C_0+C\left(\dfrac{3}{2}\times\dfrac{h}{a}-\dfrac{1}{2}\times\dfrac{h^3}{a^3}\right) & 0<h<n \\ C_0+C & h>a \end{cases} \quad (3\text{-}3)$$

式中:C_0——块金效应值,表示 h 很小时两点间变量值的变化;

C——基台值,反映变量在研究范围内的变异程度;

a——变程;

h——滞后距离。

3. 森林生态监测区划空间数据构建方法

森林生态监测区划空间数据库基于 ArcSDE 构建,数据库主要包括:①基础数据:云南行政区划、地形地貌数据、气象数据、植被区划;②辅助数据:全国重点生态功能区,全国生物多样性保护优先区域、全国重要生态系统保护和修复重大工程区域、云南省重点生态功能区。

森林生态监测区划空间数据库中空间数据主要为矢量数据,矢量数据是通过记录坐标的方式尽可能精确地表示点、线、多边形等地理实体,是具有拓扑关系、面向对象的空间数据类型。矢量数据的结构紧凑、精度高、显示效果较好,其特点是定位明显、属性隐含,在计算长度、面积、形状和图形编辑操作中,矢量结构具有很高的效率和精度,因此在云南生态站布局研究中矢量数据是重要的基础数据。

属性数据主要包括 ≥10℃ 积温日数(天)、≥10℃ 积温数值(℃)、干湿指数、植被类型等基础数据和生态功能类型等辅助区划类型数据。其获取途径主要包括:①地面实测数据资料;②各种试验观测数据,比如气象站观测的气象数据等;③各种资源清查数据,如森林资源清查数据等,这些数据往往以其他的数据格式保存,应用时需要进行格式转换,将其转换成地理信息系统支持的格式;④文字报告,包括记录研究区的各种信息,各种科研报告等。

空间数据库的物理结构设计根据 GeoDatabase 的数据管理方案,物理模型设计的主要内容有:①空间数据库结构设计;②地图数字化方案设计;③数据整理与编辑方案设计;④数据格式转换;⑤空间数据的更新;⑥地图投影与坐标变换;⑦多源、多尺度、多类数据集成与共享;⑧数据库安全保密。

以下列举部分数据表的物理设计(图 3-5)。

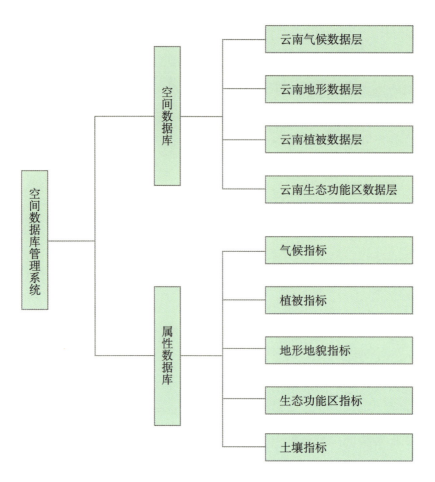

图 3-5　云南典型自然生态地理区划空间数据库

(五) 空间分析与森林生态监测区划

遥感 (RS)、地理信息系统 (GIS) 和全球定位系统 (GPS) 形成的"3S"技术及其相关技术是近年来蓬勃发展的一门综合性技术, 利用"3S"技术能够及时、准确、动态地获取资源现状及其变化信息, 并进行合理的空间分析, 对实现陆地生态系统的动态监测与管理、合理的规划与布局具有重要的意义。

地理信息系统 (GIS) 是在计算机硬、软件系统支持下, 对现实世界 (资源与环境) 的研究和变迁的各类空间数据及描述这些空间数据特性的属性进行采集、储存、管理、运算、分析、显示和描述的技术系统, 它作为集计算机科学、地理学、测绘遥感学、环境科学、城市科学、空间科学、信息科学和管理科学为一体的新兴边缘学科而迅速地兴起和发展起来。其中, 地理信息系统是以分层的方式组织地理景观, 将地理景观按主题分层提取, 同一地区的整个数据集表达了该地区某种地理景观的内容。从实现机制上而言, 基于空间和非空间数据的联合运算的空间分析方法是实现规划目的的最佳方法。

空间分析是一个地理信息系统最常用且重要的基础方法, 也是以 GIS 为工具, 基于生态地理区划的生态站网络布局的关键环节。在基于 GIS 技术的生态站网络布局研究中, 通过空间分析方法实现典型抽样。主要包括以下几个方面：投影转换、地统计学构建温度和水分区划、叠加分析。以下结合云南省生态地理区域的特征，阐述基于 GIS 构建云南省林草资源生态连清体系监测区划及网络布局过程中的关键技术。

本规划利用 GIS 空间分析技术，在云南省林草资源生态连清体系监测布局与规划原则和依据的指导下，结合云南气候、森林植被、政策、主导生态功能等因素，利用地理信息系统，在基于每个因素进行抽样的基础上，实施叠加分析，建立云南省森林生态监测分区，明确林草资源生态连清体系监测站点的分布和规划数量。在规划布局过程中主要用到以下方法。

1. 投影转换

投影转换是进行空间分析的前提。对于收集的基础数据，由于设计不同空间参考系统，不同的格式（矢量、栅格、表格），因此需要进行格式的转换、投影转换，统一所有的数据格式，将大地坐标转换为平面坐标，便于进行面积的统计分析，另外还需要通过大量的空间分析操作来提取相应的生态要素信息作为划分生态监测区划的基础，为生态站布局提供依据。

由于地球是一个不规则的球体，为了能够将其表面内容显示在平面上，必须将球面地理坐标系统变换到平面投影坐标系统，因此，需运用地图投影方法，建立地球表面上和平面上点的函数关系，使地球表面上由地理坐标确定的点，在平面上有一个与它相对应的点。地图投影保证了空间信息在地域上的连续性和完整性。目前，投影转换主要有以下几种方法：

（1）正解变换：通过建立一种投影变换为另一种投影的严密或近似的解释关系是，直接由一种投影的数字化坐标 (x, y) 变换到另一种投影的直角坐标 (X, Y)。

（2）反解变换：即由一种投影的坐标反解出地理坐标 $(x, y\text{-}B, L)$，然后再将地理坐标带入另一种投影的坐标公式中 $(B, L\text{-}X, Y)$，从而实现由一种投影坐标到另一种投影坐标的变换 $(x, y\text{-}X, Y)$。

（3）数值变换：根据两种投影在变换区内的若干同名数字化点，采用插值法、有限差分法、最小二乘法、有限元法和待定系数法等，从而实现由一种投影到另一种投影坐标的转换。

在以上 3 种方法中，正解变换是使用较多的方法。

本规划中所涉及投影为高斯—克吕格投影，该投影是一种横轴等角切椭圆柱投影，高斯投影条件：中央经线和地球赤道投影成为直线且为投影的对称轴、等角投影、中央经线上没有长度变形。

本规划中主要采用第一种变换方式，即正解变换法完成大地坐标和平面坐标之间的变换。根据高斯投影的条件推导其计算如公式（3-4）：

$$X = S + \frac{\lambda^2 N}{2} \sin\phi \cos\phi + \frac{\lambda^4 N}{24} \sin\phi \cos^3\phi \ (5 - \text{tg}^2\phi + 9\eta^2 + 4\eta^4) + \cdots$$
$$Y = \lambda N \cos\phi + \frac{\lambda^3 N}{6} \cos^3\phi + \frac{\lambda^5 N}{120} \cos^5\phi \ (5 - 18\text{tg}^2\phi + \text{tg}^4\phi) + \cdots$$

(3-4)

其中，ϕ、λ 为点的地理坐标，以弧度计，λ 从中央经线起算；

在投影变换中涉及的参数之间的关系见下说明：

$$a=b\sqrt{1+e'^2},\ b=a\sqrt{1+e^2}$$
$$c=a\sqrt{1+e'^2},\ a=c\sqrt{1+e^2}$$
$$e'=e\sqrt{1+e'^2},\ e=e'\sqrt{1+e^2}$$
$$V=W\sqrt{1+e'^2},\ W=V\sqrt{1+e^2}$$
$$e^2=2\alpha-\alpha^2\approx 2\alpha$$

$$W=\sqrt{1-e^2}\cdot V=\left(\frac{b}{a}\right)\cdot V$$
$$V=\sqrt{1-e'^2}\cdot W=\left(\frac{b}{a}\right)\cdot W$$
$$W^2=1-e^2\sin^2 B=(1-e^2)V^2$$
$$V^2=1-\eta^2=(1-e^2)W^2$$

式中：a —— 椭圆的长半轴；

b —— 短半轴；

$\alpha=\dfrac{a-b}{a}$ —— 椭圆的扁率；

$e=\dfrac{\sqrt{a^2-b^2}}{a}$ —— 椭圆的第一偏心率；

$e'=\dfrac{\sqrt{a^2-b^2}}{a}$ —— 椭圆的第二偏心率；

W —— 第一基本纬度函数；

V —— 第二基本纬度函数。

本规划选取的行政区划图为 WGS-84 坐标系，需将其转换为与其他图层一致的西安 1980 坐标系。WGS-84 坐标系是大地坐标，西安 1980 坐标系采用的是 1975 国际椭球，具体参数见下表，因此该处投影变换即为已知 WGS-84 坐标系下某点（B，L）的大地坐标，求该点 1980 西安坐标系下该点的坐标（x，y）。此处的坐标转换一般有三参数法和七参数法，七参数法是两个空间坐标系之间的旋转、平移和缩放，平移和旋转各有三个变量，再加一个比例尺缩放，可获得目标坐标系。如果要转换的坐标系 X、Y、Z 三个方向上是重合的，那通过平移即可实现，平移只需要三个参数（两椭球参心差值）。该种假设引起的误差可忽略，缩放比例默认为 1，旋转为 0，因此，适用三参数即可实现两个坐标系的转换（表3-6）。

表3-6　WGS-84 坐标系和 1980 西安坐标系椭球参数

参数	1975年国际椭球体	WGS-84椭球体
a	6378140.000000000（米）	6378137.0000000000（米）
b	6356755.288157528（米）	6356752.3142（米）
c	6399596.6519880105（米）	6399593.6258（米）
α	1/298.257	1/298.257 223 563
	0.006 694 384 999 588	0.006 694 379 901 3
e^2	0.006 739 501 819 473	0.006 739 496 742 27
e'^2		

WGS-84 坐标系下点为大地坐标，首先需将大地坐标 (B, L) 转换为平面坐标 (X, Y)，根据全国西安 1980 坐标系和 WGS1984 坐标系下得一对已知坐标点，计算三参数，将三参数带入计算公式，即可将云南省区坐标系转换为西安 1980 坐标系。计算三参数公式如下：

$$X_{80}=X_{84}+\mathrm{d}X \quad Y_{80}=Y_{84}+\mathrm{d}Y \quad Z_{80}=Z_{84}+\mathrm{d}Z \tag{3-5}$$

根据一对已知点坐标计算得到 $\mathrm{d}X$、$\mathrm{d}Y$ 数值（本规划不考虑高程，可忽略 Z 值），在软件中输入上述计算出的两个参数，构建新的坐标系转换模型，进行坐标系转换，将该云南省 WGS-84 坐标系转换为西安 1980 坐标系（图 3-6）。

图 3-6　WGS-84 坐标系转换为西安 1980 坐标系

2. 叠加分析

GIS 系统提供了丰富的空间分析技术方法，对生态监测区划的构建来说，最常用的空间分析为叠加分析。从实现机制上而言，基于空间和非空间数据的联合运算的空间分析方法是实现生态监测区划目的的最佳方法。

叠加分析（overlay）像是一条数据组装流水线，通过叠加分析将参与分析的各要素进行分类，并将关联要素的属性进行组装。通过空间关系运算，得出在空间关系上相叠加的要素分组，每组要素中有两个要素，然后对分组后的每组要素进行求交集运算，通过求交集运算得出的几何对象为要素组内两要素的公共部分。运算完成后，创建目标要素，由于叠加分析产生目标要素类的属性是两个要素属性的并集，所以目标要素的属性包含要素分组中各个要素的属性值，另外该分析功能还可用于判断矢量图层之间的包含关系。根据该特征，通过关键字将求交后的要素关联到需要增加属性的要素上，达到实际应用的目的（图 3-7）。

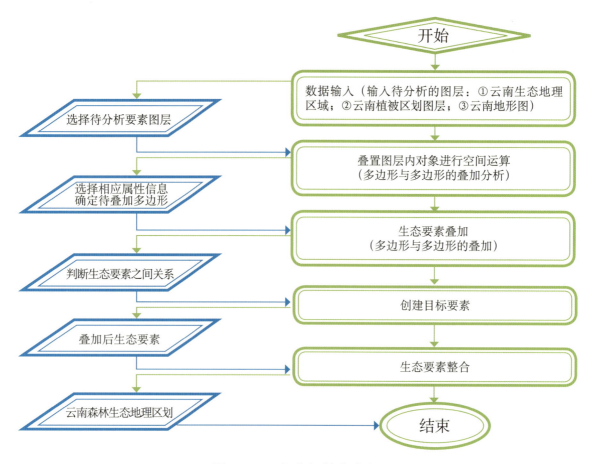

图 3-7 叠加分析基本流程

叠加分析常用来提取空间隐含信息，它以空间层次理论为基础，将代表不同主题（植被、生态功能类型、生物多样性优先区域、地形地貌等）的数据层进行叠加产生一个新的数据层面，其结果综合了多个层面要素所具有的属性。生态站网络布局中，叠加分析应用十分广泛，例如：将温度、水分指标图层与植被图层、地形地貌图层等进行叠加分析，获得云南省森林生态监测区划的基本图层，作为进行云南省森林生态监测生态站网络布局的基础；将重点生态功能区和生物多样性保护优先区域进行叠加，作为林草资源生态监测网络布局的重点监测区域；叠加分析不仅产生了新的空间关系，还将输入的多个数据层的属性联系起来产生了新的属性。

空间叠加分析会涉及两个以上的图层，在参与该运算的多个图层中，必须保证至少有一个是多边形图层，其他图层可以为点、线或多边形图层（图3-7）。矢量图层的叠加是拓扑叠加，结果是产生新的空间特性和属性关系。本规划的主要使用方式为矢量图层的叠加，且主要为点与多边形图层和多边形与多边形图层之间的叠加操作。

点与多边形图层的叠加分析实质上是判断点与多边形的包含关系（图3-8），即Point-Polygon分析，具有典型意义。可通过著名的铅垂线算法实现，即判断某点是否位于某多边形的内部，只需由该点作一条铅垂线，如果铅垂线与该多边形的焦点为奇数个，则该点位于多边形内；否则，位于多边形外（点与多边形边界重合除外）。

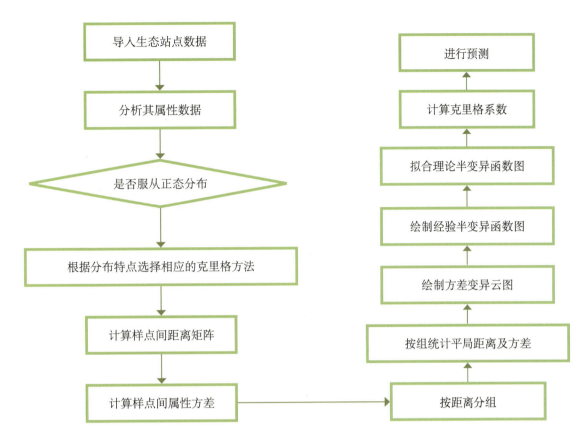

图 3-8　点与多边形图层的叠加分析

多边形与多边形的叠加分析同样源于对两者之间拓扑关系的判断。多边形之间的拓扑关系的判断最终也可以转化为点与多边形关系的判断，主要有以下几种关系：

(1) 分离：对组成多边形的端点分别进行关于 x 坐标和 y 坐标的递增排序，现设第一个多边形的第 i 个端点的坐标为 (x_{1i}, y_{1i})，第二个多边形的第 j 个端点的坐标为 (x_{2j}, y_{2j})，现对任意的 (i, j)，若其中 $x_{1i}<x_{2j}$、$x_{1i}>x_{2j}$、$y_{1i}<y_{2j}$、$y_{1i}>y_{2j}$ 中任意一个成立，则两个多边形的关系是相离的。

(2) 包含与包含于：若通过第一个多边形的所有端点都落在另一个多边形的内部，则第一个多边形包含于第二个多边形，对应于第二个多边形就包含第一个多边形。

(3) 相等：若两个多边形的相应端点一一对应地相等，则可以称它们是相等的。

(4) 覆盖与被覆盖：若第一个多边形上一个端点落在第二个多边形其中一个直线段上，而其他的端点都落在第二个多边形的内部，则称第一个多边形被第二个多边形覆盖，对应的称第二个多边形覆盖第一个多边形。

(5) 交叠：若第一个多边形中只有两个端点落在第二个多边形上，而对第一个多边形的其他的端点都落在第二个多边形的内部，则称两者是交叠的关系。

(6) 相接：若第一个多边形上的一个端点落在第二个多边形的边上，但其他的端点有如下情况：设第一个多边形的第 i 个端点的坐标为 (x_{1i}, y_{1i})，第二个多边形的第 j 个端点的坐

标为 (x_{2j}, y_{2j}),现对任意的 (i, j),若有 x_{1i}<x_{2j}、x_{1i}>x_{2j}、y_{1i}<y_{2j}、y_{1i}>y_{2j} 中任意一个成立,则两个多边形的关系是相接的。

(7)相交:若第一个多边形的一部分端点落在第二个多边形内,而另一部分却落在第二个多边形的外部,则可判断两者之间的关系是相交的,也可通过以上情况的排除来获得相交关系。

因此,本规划利用这种空间分析功能,依据云南省的具体情况、生态功能分区和自然区划中生态单元植被分布特点等因素,将每个因素看作是一个指标,通过地理信息系统(GIS)软件与抽样理论,明确云南生态站点的分布和规划数量。

叠加分析中主要操作包括切割(clip)、图层合并(union)、修正更新(update)、识别叠加(identity)等。

本规划通过使用识别叠加,根据气候分区指标切割森林植被区,以形成布设生态站的基础生态区划图层。它是进行多边形叠加,输出图层为保留以其中一输入图层为控制边界之内的所有多边形,获取云南省生态监测区划。

数据裁切是从整个空间数据中裁切出部分区域,以便获取真正需要的数据作为研究区域,减少不必要参与运算的数据。矢量数据的裁切主要通过分析工具中的提取剪裁工具实现。同时通过标识叠加方法将云南省相关空间数据融合进云南省森林生态监测区划的属性表中。

3. 合并标准指数

通过裁切处理获取森林生态监测区域。但这些区域并不都符合独立成为一个森林生态监测区域的面积要求和条件,需要利用合并标准指数进行计算分析其是否需要合并。在进行空间选择合适的生态区划指标经过空间叠置分析后,各区划指标相互切割获得许多破碎斑块,如何确定被切割的斑块是否可作为监测区域,是完成台站布局区划必须解决的问题。合并标准指数(merging criteria index,MCI),以量化的方式判断该区域是被切割,还是通过长边合并原则合并至相邻最长边的区域中,如公式(3-6):

$$\text{MCI} = \frac{\min(S, S_i)}{\max(S, S_i)} \times 100\% \qquad (3-6)$$

式中:S_i——待评估森林分区中被切割的第 i 个多边形的面积(i=1, 2, 3, ⋯, n);

n——该森林分区被温度和水分指标切割的多边形个数;

S——该森林分区总面积减去 S_i 后剩余面积。

如果 MCI ≥ 70%,则该区域被切割出作为独立的台站布局区域;如 MCI < 70%,则该区域根据长边合并原则合并至相邻最长边的区域中;假如 MCI < 70%,但面积很大(该标准根据台站布局研究区域尺度决定,本研究是超过1500平方千米),则也考虑将该区域切割出作为独立台站布局区域。

4. 复杂区域均值模型

对于生态区数量的计算还需要利用复杂区域均值模型进行校验。由于在大区域范围内空间采样不仅有空间相关性，还有极大的空间异质性。因此，传统的抽样理论和方法较难保证采样结果的最优无偏估计。王劲峰等（2009）提出"复杂区域均值模型（mean of surface with non-homogeneity，MSN）"，将分层统计分析方法与 Kriging 方法结合，根据指定指标的平均估计精度确定增加点的数量和位置（Wang et al.，2009）。该模型是将非均质的研究区域根据空间自相关性划分为较小的均质区域，在较小的均质区域满足平稳假设，然后计算在估计方差最小条件下各个样点的权重，最后根据样点权重估计总体的均值和方差。模型结合蒙特卡洛和粒子群优化方法对新布局采样点进行优化，加速完成期望估计方差的计算。该方法可用于对台站布局数量的合理性进行评估，主要思路是结合已存在样点，分层抽样的分层区划和期望的估计方差，根据蒙特卡洛和粒子群优化方法逐渐增加样点数量，直到达到期望估计方差的需求。具体公式如下：

$$n = \frac{(\sum W_h S_h \sqrt{e_h})\sum(W_h S_h \sqrt{e_\kappa})}{V+(1/N)\sum W_h S_h^2} \tag{3-7}$$

式中：W_h——层的权；

S_h^2——h 层真实的方差；

N——样本总数；

V——用户给定的方差；

e_κ——每个样本的数值；

n——达到期望方差后所获得的样本个数。

经过上述空间分析处理后，获取云南省森林生态监测区划。

二、其他生态站布局方法

（一）草地生态站布局方法

（1）依据森林生态站布局。将云南省生态地理区划、地貌区划和草地类型区划进行空间叠加，并根据合并指数标准合并，得出云南省草地监测区划。

（2）依据云南省草地监测区划布局。草地生态站的布局建设应覆盖所有主要的草地区划类型，且每个草地生态区划至少布设 1 个生态站。

（3）重点生态功能区优先布局。在全国重点生态功能区、全国生物多样性保护优先区域、全国重要生态系统保护和修复重大工程区、云南重点生态功能区内的草地优先布设草地生态站，形成能够满足云南生态建设和生态安全等宏观需求的草地监测和科研网络。

（二）湿地生态站布局方法

（1）依据类型布局。湿地生态站的布局建设应覆盖所有主要的自然湿地类型和重要人工湿地。根据云南湿地资源的特点，湿地生态站需包括湖泊湿地、河流湿地和人工湿地等比较典型的湿地类型，作为建站区域进行布局。

（2）依据地带性分布布局。湿地生态站的布局需综合考虑云南湿地分布的地带性和云南自然生态地理区划分区，充分考虑气候和植被等方面的差异性，布设湿地站。

（3）重要湿地优先布局。依据《中国湿地保护行动计划》，在国家重要湿地特别是国际重要湿地、湿地类型的国家级自然保护区、国家湿地公园、全国重要生态系统保护和修复重大工程区和重要城市群优先布设湿地生态站，形成能够满足云南生态建设和生态安全等宏观需求的湿地监测和科研网络。

（三）荒漠化生态站布局方法

（1）依据云南石漠化分区合理布局。我国西南岩溶石漠化区域，根据治理和修复需要，依据海拔、基岩和地形把石漠化分为中高山、岩溶峡谷、岩溶断陷盆地、岩溶槽谷、岩溶高原、峰丛洼地、峰林平原、溶丘洼地八大治理区。云南岩溶石漠化区域主要包括断陷盆地、峰丛洼地和岩溶峡谷治理区。

（2）兼顾云南干热河谷布局。考虑云南省境内金沙江、元江、怒江、澜沧江、南盘江干热干旱河谷等特殊生态环境的关键区域和核心地段合理布局。

（3）重点生态功能区优先布局。优先在全国重点生态功能区、全国生物多样性保护优先区域、全国重要生态系统保护和修复重大工程区域布局。不仅能够满足荒漠生态系统定位观测的科学需求，同时也完全满足国家防治荒漠化、防沙治沙、石漠化等重点工程的宏观需求。

（四）城市生态站布局方法

（1）依据国家"一带一路"战略重要节点城市进行布局。"一带一路"是我国重要发展战略。作为祖国的西南出口，云南昆明等多个城市成为"一带一路"战略的重要节点城市，在"一带一路"交通、运输、信息等方面发挥极其重要的作用。云南省林草资源生态连清体系网络布局规划优先考虑"一带一路"国家战略的重点城市。

（2）依据长江经济带城市优先布局。长江经济带是云南省规划中的一个重要经济带，对整个省的经济、社会、文化等方面的发展都具有重要的作用，云南省城市生态站以长江经济带为主要依据，选择在长江经济带中的重点城市进行布局，实现对长江经济带生态环境质量、功能、格局及其演变的监测、评估与研究。

（3）依据国家重点城市群进行布局。重点城市群建设是我国城市建设发展的重要战略，在云南省范围内优先选择以昆明为主的城市群进行城市生态站的布局。

第四节 生态站布局

一、云南省森林生态监测区划

将云南省生态地理区划（图3-2）、云南省植被区划（图3-3）、云南省地貌类型区划（图3-4）

依次叠加，叠加结果将云南省划分为43个均质区域（图3-9），并根据合并标准指数法和长边合并原则将破碎区域进行不同程度的合并，生成相应的目标靶区，若在目标靶区布设森林生态站后，该生态站实际监测范围则能够覆盖整个相对均质区域，非均质区域即破碎部分是森林生态站不能监测的区域。利用相对误差方法对监测范围进行精度评价，具体公式如下：

$$P=1-\left|\frac{X-T}{T}\right| \tag{3-8}$$

式中：P——监测精度；

X——森林生态站网络可监测面积（平方千米）；

T——森林生态区划中的实有面积（平方千米）。

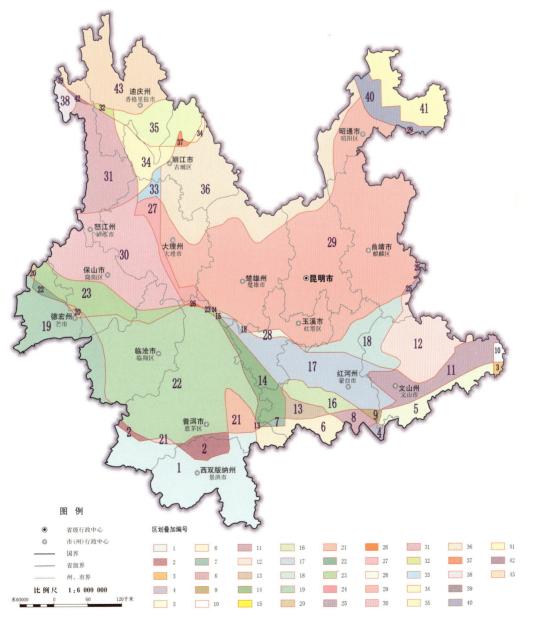

图3-9　云南省生态地貌植被区划叠加

不同目标靶区个数，监测精度不同，为选择最适宜个数的目标靶区，计算不同靶区个数的监测精度。不同目标靶区个数的监测精度如表3-7所示，为保证监测范围覆盖云南省全部植被类型，监测精度高，且避免分区过度破碎化，最适宜的目标靶区个数为22，因此将云南划分为22个森林生态站网规划的有效分区，监测范围如图3-10所示。各分区按照"温度＋水分＋植被类型＋编号"进行命名，例如ⅢAa1为南亚热带湿润区滇东南峡谷山地半常绿季雨林、湿润雨林区。分区结果及其详细信息见表3-8和图3-11。

表3-7　目标靶区及森林总监测精度

目标靶区个数	总监测精度（%）
43	100.00
33	99.53
22	94.29
17	79.55

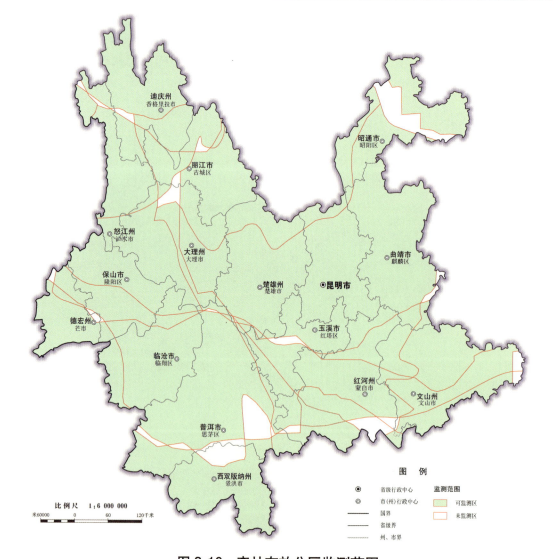

图3-10　森林有效分区监测范围

表3-8　云南省森林生态监测区划基础信息

简称	名称	气候	温度(℃)	降水量(毫米)	植被	地形	土壤
ⅢAa1	南亚热带湿润区滇东南峡谷山地半常绿季雨林、湿润雨林区	南亚热带湿润区	22~23	2000	滇东南峡谷山地半常绿季雨林、湿润雨林区	黔西滇东南喀斯特中、小起伏中山	砖红壤、赤红壤、红壤、石灰土
ⅢAb2	南亚热带湿润区滇桂石灰岩丘陵润楠、青冈栎、细叶云南松林区	南亚热带湿润区	17.5~21	900~1200	滇桂石灰岩丘陵润楠、青冈栎、细叶云南松林区	黔西滇东南喀斯特中、小起伏中山	红壤、石灰土、黄壤
ⅡAb3	中亚热带湿润区滇桂石灰岩丘陵润楠、青冈栎、细叶云南松林区	中亚热带湿润区	17~18	700~1200	滇桂石灰岩丘陵润楠、青冈栎、细叶云南松林区	黔西滇东南喀斯特中、小起伏中山	红壤、石灰土、黄壤、紫色土
ⅣAc4	边缘热带湿润区西双版纳山地、盆地季节雨林、季雨林区	边缘热带湿润区	20~22	1200~2000	西双版纳山地、盆地季节雨林、季雨林区	滇西南高中山	赤红壤、砖红壤、红壤、黄壤
ⅣAa5	边缘热带湿润区滇东南峡谷山地半常绿季雨林、湿润雨林区	边缘热带湿润区	20~22	1200~2000	滇东南峡谷山地半常绿季雨林、湿润雨林区	滇西南高中山	砖红壤，赤红壤、红壤、黄壤
ⅢAb6	南亚热带湿润区滇桂石灰岩丘陵润楠、青冈栎、细叶云南松	南亚热带湿润区	17.5~21	1500~1700	滇桂石灰岩丘陵润楠、青冈栎、细叶云南松	滇西南高中山	红壤、赤红壤、黄壤、黄棕壤、紫色土
ⅢAd7	南亚热带湿润区滇西南河谷由地半常绿季雨林区	南亚热带湿润区	19~21	1500~1700	滇西南河谷由地半常绿季雨林区	滇西南高中山	赤红壤、红壤、砖红壤、黄壤、水稻土
ⅢAe8	南亚热带湿润区滇中南山地峡谷栲类、红木荷、思茅松林区	南亚热带湿润区	17~19	1200~1600	滇中南山地峡谷栲类、红木荷、思茅松林区	滇西南高中山	赤红壤、红壤、紫色土、黄棕壤、黄壤

(续)

简称	名称	气候	温度(℃)	降水量(毫米)	植被	地形	土壤
ⅡAe9	中亚热带湿润区滇中南山地峡谷栲类、红木荷、思茅松林区	中亚热带湿润区	17～18	700～1200	滇中南山地峡谷栲类、红木荷、思茅松林区	滇西南高中山	红壤、赤红壤、黄壤、黄棕壤
ⅡAf10	中亚热带湿润区滇中滇东高原、盆地、谷地滇青冈、栲类、云南松林区	中亚热带湿润区	17～18	700～1200	滇中滇东高原、盆地、谷地滇青冈、栲类、云南松林区	滇西南高中山	红壤、紫色土、暗棕壤
ⅡAg11	中亚热带湿润区滇西山地纵谷具有铁杉、冷杉垂直带的森林区	中亚热带湿润区	17～18	700～1200	滇西山地纵谷具有铁杉、冷杉垂直带的森林区	滇西南高中山	红壤、赤红壤、燥红壤、紫色土、黄棕壤、黄壤
ⅡAg12	中亚热带湿润区滇西山地纵谷具有铁杉、冷杉垂直带的森林区	中亚热带湿润区	11	1000	滇西山地纵谷具有铁杉、冷杉垂直带的森林区	横断山极大、大起伏高山	红壤、暗棕壤、棕色针叶林土、棕壤、黄棕壤、紫色土
ⅡAh13	中亚热带湿润区川滇金沙江峡谷云南松林、干热河谷植被区	中亚热带湿润区	17～18	700～1200	川滇金沙江峡谷云南松林、干热河谷植被区	横断山极大、大起伏高山	红壤、棕壤、黄壤、暗棕壤、紫色土
ⅡAi14	中亚热带湿润区察隅长毛羯布罗香、红果葱臭木、栲、红木荷小区	中亚热带湿润区	17～18	764～4417	察隅长毛羯布罗香、红果葱臭木、栲、红木荷小区	横断山极大、大起伏高山	黄壤和黄棕壤、棕壤、暗棕壤、棕色针叶林土
ⅠABh15	高原温带湿润半湿润区川滇金沙江峡谷云南松林、干热河谷植被区	高原温带湿润半湿润区	12.5	400～1200	川滇金沙江峡谷云南松林、干热河谷植被区	横断山极大、大起伏高山	暗棕壤、棕壤、黄棕壤、红壤、棕色针叶林土

（续）

简称	名称	气候	温度(℃)	降水量(毫米)	植被	地形	土壤
ⅠABj16	高原温带湿润半湿润区横断山南部峡谷云杉、冷杉林、硬叶栎林区	高原温带湿润半湿润区	12.5	400-1200	横断山南部峡谷云杉、冷杉林、硬叶栎林区	横断山极大、大起伏高山	褐土、棕壤、红壤、棕色针叶林土
ⅣAb17	边缘热带湿润区滇桂石灰岩丘陵润楠、青冈栎、细叶云南松林区	边缘热带湿润区	20～22	1200～2000	滇桂石灰岩丘陵润楠、青冈栎、细叶云南松林区	川西南、滇中中高山盆地	赤红壤、红壤、燥红壤、砖红壤、黄壤、黄棕壤
ⅢAb18	南亚热带湿润区滇桂石灰岩丘陵润楠、青冈栎、细叶云南松林区	南亚热带湿润区	19～21	1200～1600	滇桂石灰岩丘陵润楠、青冈栎、细叶云南松林区	川西南、滇中中高山盆地	红壤、赤红壤、紫色土、燥红壤、黄壤、黄棕壤、石灰土
ⅡAb19	中亚热带湿润区滇桂石灰岩丘陵润楠、青冈栎、细叶云南松林区	中亚热带湿润区	17～18	700～1200	滇桂石灰岩丘陵润楠、青冈栎、细叶云南松林区	川西南、滇中中高山盆地	红壤、赤红壤、紫色土、石灰土
ⅡAf20	中亚热带湿润区滇中滇东高原、盆地、谷地滇青冈、栲类、云南松林区	中亚热带湿润区	14～17	700～1200	滇中滇东高原、盆地、谷地滇青冈、栲类、云南松林区	川西南、滇中中高山盆地	红壤、紫色土壤、黄棕壤
ⅡAh21	中亚热带湿润区川滇金沙江峡谷云南松林、干热河谷植被区	中亚热带湿润区	17.1	1040	川滇金沙江峡谷云南松林、干热河谷植被区	川西南、滇中中高山盆地	红壤、早红土、紫色土、黄壤、黄棕壤
ⅡAk22	中亚热带湿润区川滇黔山丘栲类、木荷林区	中亚热带湿润区	17～18	1000～1200	川滇黔山丘栲类、木荷林区	川南黔北喀斯特中起伏中山	黄壤、紫色土、黄棕壤、石灰土

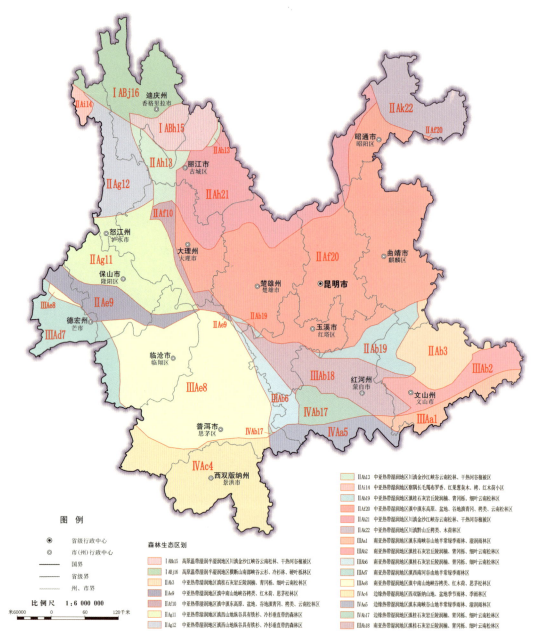

图 3-11 云南省森林生态监测区划

基于植被图斑矢量数据和生态功能区划数据,从森林、重点生态功能区和生物多样性保护优先区 3 个层次分别对森林生态站网络监测范围进行空间分析,结果见表 3-9。

表 3-9 森林生态站网络监测类型面积精度

森林生态分区		森林	重点生态功能区	生物多样性保护优先区
分区精度(%)	ⅢAa1	85.68	88.64	79.09
	ⅢAb2	93.96	100.00	86.13
	ⅡAb3	100.00	100.00	100.00
	ⅣAc4	86.57	85.75	84.21

(续)

森林生态分区		森林	重点生态功能区	生物多样性保护优先区
分区精度(%)	ⅣAa5	64.73	65.31	65.50
	ⅢAb6	99.65	100.00	100.00
	ⅢAd7	100.00	—	—
	ⅢAe8	80.18	40.41	40.40
	ⅡAe9	94.93	—	—
	ⅡAf10	98.13	—	—
	ⅡAg11	100	100.00	100.00
	ⅡAg12	98.40	98.41	98.23
	ⅡAh13	80.95	100.00	1.00
	ⅡAi14	100.00	100.00	100.00
	ⅠABh15	96.29	96.45	96.45
	ⅠABj16	96.64	96.61	96.61
	ⅣAb17	63.92	13.56	2.10
	ⅢAb18	100.00	100.00	100.00
	ⅡAb19	100.00	100.00	—
	ⅡAf20	98.59	100.00	—
	ⅡAh21	100.00	100.00	100.00
	ⅡAk22	64.80		
总精度（%）		94.29	88.02	89.57

森林面积的总监测精度为94.29%，分区ⅡAb3、ⅢAd7、ⅡAg11、ⅡAi14、ⅢAb18、ⅡAb19、ⅡAh21的监测精度均达到了100%；分区ⅣAa5、ⅣAb17、ⅡAk22的监测精度较低，均在65%以下，原因在于这些地区地形地貌变化大，监测缺失较大。

重点生态功能区面积的总监测精度为88.02%，分区ⅢAb6、ⅡAg11、ⅡAh13、ⅡAi14、ⅢAb18、ⅡAb19、ⅡAf20和ⅡAh21中的的重点生态功能区域均属匀质区域，气候、地形和植被类型一直，因此监测精度均达到了100%，监测精度较低的分区是ⅣAb17和ⅢAe8，精度分别为13.56%和40.41%，这是由于二者分区中的重点生态功能区域处于南亚热带和边缘热带的过渡地带，气候变化较大，地形复杂。

生物多样性优先区的总监测精度为89.57%，分区ⅡAb3、ⅢAb6、ⅡAg11、ⅡAi14、ⅢAb18、ⅡAh21的监测精度均达到了100%；分区ⅣAb17和ⅢAe8的监测精度均较低，分别为2.10%和40.40%，这是由于两分区中的生物多样性优先区面积本身较小，且出于地形地貌复杂，破碎化程度高的缘故。

若在目标靶区内布设森林生态站，则森林生态站网络可以监测覆盖云南省94.29%的森林面积，88.02%的重点生态功能区面积和89.57%的生物多样性保护优先区面积，证明该目标靶区划分科学合理，可作为森林生态站网络规划的有效分区。

二、森林生态站布局

依据森林生态监测区划,在每个有效森林生态监测分区应该至少布设1个森林生态站。共布设森林生态站31个,其中山地森林生态站16个,盆地森林生态站6个,喀斯特地貌森林生态站4个,竹林站1个,经济林生态站3个,退耕还林生态站1个。根据生态区位重要性及生态站建设水平,将森林生态站分为监测站、基本站和重点站三个级别。重点站的重要性高于基本站,基本站的重要性高于监测站,建设水平重点站高于基本站,基本站高于监测站,优先对重点站进行建设(表3-10)。森林生态站总体布局如图3-12,森林生态站在重点生态功能区的布局如图3-13,在生物多样性保护优先区的布局如图3-14。

表3-10 森林生态站基础信息

编号	生态站	生态站类型和级别	生态区	主导生态功能区	地址	所属地市
1	白马雪山站	山地森林监测站	高原温带湿润半湿润区横断山南部峡谷云杉、冷杉林、硬叶栎林区	川滇森林及生物多样性保护生态功能区、横断山南段生物多样性保护优先区	德钦县	迪庆州
2	贡山站	山地森林监测站	中亚热带湿润区察隅长毛羯布罗香、红果葱臭木、栲、红木荷小区	川滇森林及生物多样性保护生态功能区、横断山南段生物多样性保护优先区	贡山县	怒江州
3	福贡站	山地森林监测站	中亚热带湿润区滇西山地纵谷具有铁杉、冷杉垂直带的森林区	川滇森林及生物多样性保护生态功能区、横断山南段生物多样性保护优先区	福贡县	怒江州
4	香格里拉站	山地森林基本站	高原温带湿润半湿润区川滇金沙江峡谷云南松林、干热河谷植被区	川滇森林及生物多样性保护生态功能区、横断山南段生物多样性保护优先区	香格里拉县	迪庆州
5	丽江站	山地森林基本站	中亚热带湿润区川滇金沙江峡谷云南松林、干热河谷植被区	川滇森林及生物多样性保护生态功能区	丽江市	丽江市
6	永平核桃林站	经济林监测站	中亚热带湿润区滇西山地纵谷具有铁杉、冷杉垂直带的森林区	—	永平县	保山市
7	高黎贡山站	山地森林重点站	中亚热带湿润区滇中南山地峡谷栲类、红木荷、思茅松林区	—	保山市	保山市
8	无量山站	山地森林基本站	中亚热带湿润地区滇中滇东高原、盆地、谷地滇青冈、栲类、云南松林区	—	南涧县	大理州
9	铜壁关站	山地森林监测站	中亚热带湿润地区滇西南河谷由地半常绿季雨林区	—	瑞丽市	德宏州
10	哀牢山站	山地森林重点站	中亚热带湿润地区滇中南山地峡谷栲类、红木荷、思茅松林区	—	景东县	普洱市
11	永德大雪山站	山地森林监测站	南亚热带湿润地区滇中南山地峡谷栲类、红木荷、思茅松林区	—	永德县	临沧市
12	南滚河站	山地森林监测站	南亚热带湿润地区滇中南山地峡谷栲类、红木荷、思茅松林区	—	沧源县	临沧市

（续）

编号	生态站	生态站类型和级别	生态区	主导生态功能区	地址	所属地市
13	滇南竹林站	竹林基本站	南亚热带湿润地区滇中南山地峡谷栲类、红木荷、思茅松林区	—	普洱市	普洱市
14	普洱站	山地森林重点站	南亚热带湿润地区滇中南山地峡谷栲类、红木荷、思茅松林区	—	普洱市	普洱市
15	版纳橡胶林站	经济林基本站	边缘热带湿润区西双版纳山地、盆地季节雨林、季雨林区	川滇森林及生物多样性保护生态功能区、西双版纳生物多样性保护优先区	景洪市	西双版纳州
16	西双版纳站	山地森林重点站	边缘热带湿润区西双版纳山地、盆地季节雨林、季雨林区	川滇森林及生物多样性保护生态功能区、西双版纳生物多样性保护优先区	勐腊县	西双版纳州
17	玉溪站	盆地基本站	南亚热带湿润地区滇桂石灰岩丘陵润楠、青冈栎、细叶云南松林区	—	新平县	玉溪市
18	普者黑站	盆地监测站	中亚热带湿润地区滇桂石灰岩丘陵润楠、青冈栎、细叶云南松林区	—	丘北县	文山州
19	驮娘江站	喀斯特地貌监测站	中亚热带湿润地区滇桂石灰岩丘陵润楠、青冈栎、细叶云南松林区	桂黔滇喀斯特石漠化防治生态功能区、苗岭—金钟山—凤凰山生物多样性保护优先区	广南县	文山州
20	威远江站	山地森林监测站	南亚热带湿润地区滇桂石灰岩丘陵润楠、青冈栎、细叶云南松林区	—	景谷县	普洱市
21	黄连山站	高山盆地基本站	边缘热带湿润地区滇桂石灰岩丘陵润楠、青冈栎、细叶云南松林区	川滇森林及生物多样性保护生态功能区、西双版纳生物多样性保护优先区	绿春县	红河州
22	文山站	喀斯特地貌基本站	南亚热带湿润地区滇桂石灰岩丘陵润楠、青冈栎、细叶云南松林区	桂黔滇喀斯特石漠化防治生态功能区	文山市	文山州
23	金平分水岭站	山地森林基本站	边缘热带湿润地区滇东南峡谷山地半常绿季雨林、湿润雨林区	川滇森林及生物多样性保护生态功能区	金平县	红河州
24	滇东南站	山地森林基本站	边缘热带湿润地区滇东南峡谷山地半常绿季雨林、湿润雨林区	川滇森林及生物多样性保护生态功能区、西双版纳生物多样性保护优先区	屏边县	红河州
25	古林箐站	喀斯特地貌监测站	南亚热带湿润地区滇东南峡谷山地半常绿季雨林、湿润雨林区	川滇森林及生物多样性保护生态功能区、西双版纳生物多样性保护优先区	马关县	文山州
26	滇中高原站	高山盆地重点站	中亚热带湿润区滇中滇东高原、盆地、谷地滇青冈、栲类、云南松林区	—	昆明市	昆明市
27	会泽站	退耕还林重点站	中亚热带湿润地区滇中滇东高原、盆地、谷地滇青冈、栲类、云南松林区	—	会泽县	曲靖市

(续)

编号	生态站	生态站类型和级别	生态区	主导生态功能区	地址	所属地市
28	楚雄桉树林站	用材林监测站	中亚热带湿润区滇中滇东高原、盆地、谷地滇青冈、栲类、云南松林区	—	楚雄市	楚雄州
29	乌蒙山站	高山盆地基本站	中亚热带湿润区滇中滇东高原、盆地、谷地滇青冈、栲类、云南松林区	桂黔滇喀斯特石漠化防治生态功能区	昭通市	昭通市
30	药山站	高山盆地监测站	中亚热带湿润区川滇金沙江峡谷云南松林、干热河谷植被区	—	巧家县	昭通市
31	盐津站	喀斯特地貌监测站	中亚热带湿润区川滇黔山丘栲类、木荷林区	—	盐津县	昭通市

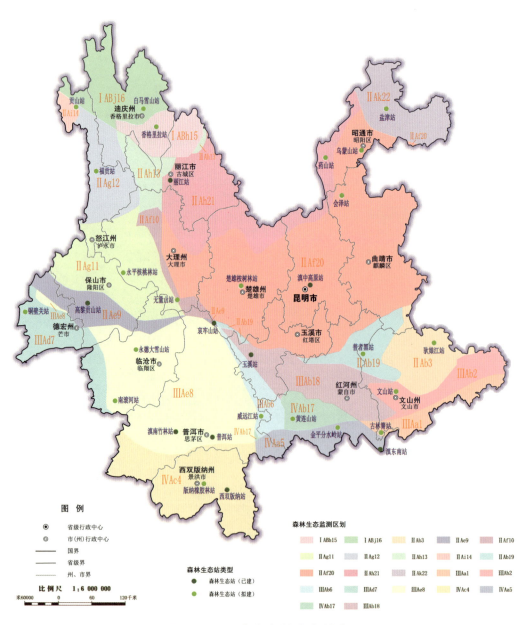

图 3-12　云南省森林生态站布局

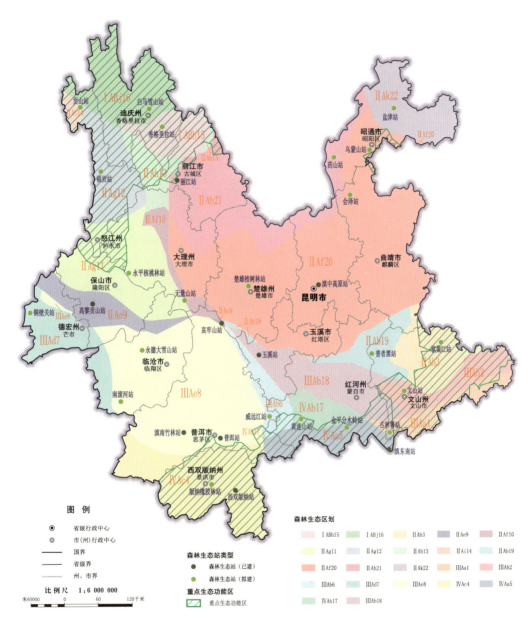

图 3-13　森林生态站布局和重点生态功能区

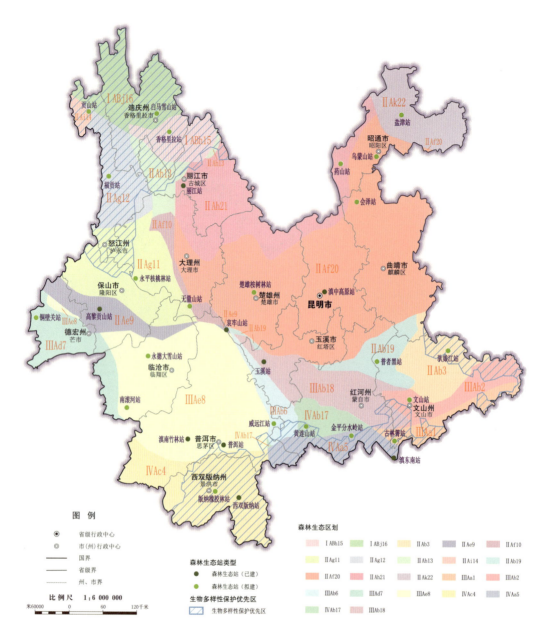

图 3-14　森林生态站布局和生物多样性保护优先区

三、草原生态站布局

将云南省生态地理区划（图 3-2）、云南省地貌类型区划（图 3-4）、云南省天然草原类型区划（图 3-15）依次叠加，叠加结果将云南省划分为 36 个区域（图 3-16），并根据合并标准指数法和长边合并原则将叠加结果合并，得到云南省草原生态监测区划，监测精度为 68.10%。

第三章 云南省林草资源生态连清体系监测布局

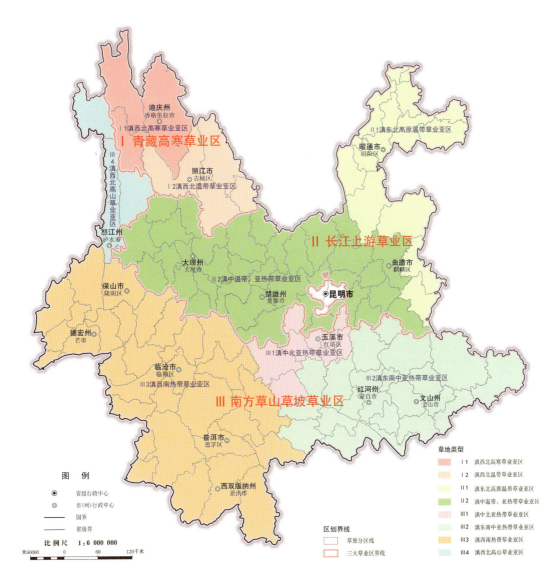

图 3-15　云南省天然草原类型区划

云南省草原生态监测区划共将云南划分为 10 个草原生态监测区（图 3-17），分区编码命名规则为温度区划＋水分区划＋草原类型，分别为 VA5Ⅱ1 中亚热带湿润地区滇东北高原草原区、VA5Ⅲ2 中亚热带湿润地区滇东南草原区、VA5Ⅱ2 中亚热带湿润地区滇中草原区、VA5Ⅰ2 中亚热带湿润地区滇西北草原区、VA5Ⅲ4 中亚热带湿润地区滇西北高山草原区、VA5Ⅲ3 中亚热带湿润地区滇西南草原区、VIA3Ⅲ2 南亚热带湿润地区滇东南草原区、VIA3Ⅲ3 南亚热带湿润地区滇西南草原区、VIIA3Ⅲ3 边缘热带湿润地区滇西南草原区和 HIIAB1Ⅰ1 高原温带湿润/半湿润地区滇西北高寒草原区。

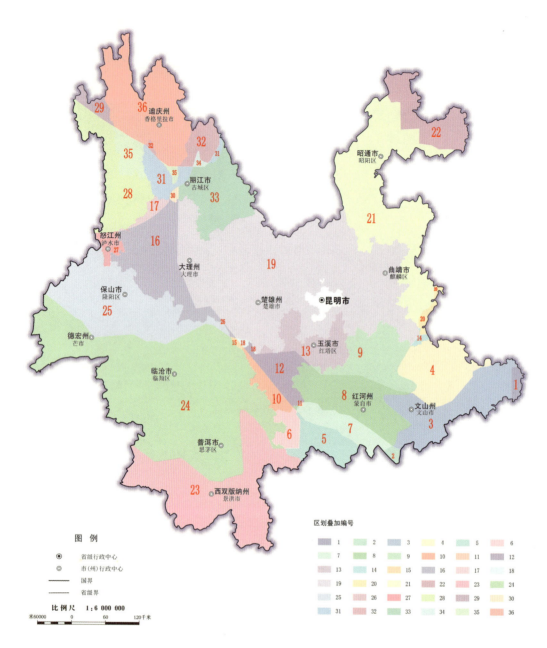

图 3-16 云南省生态地貌草原区划叠加

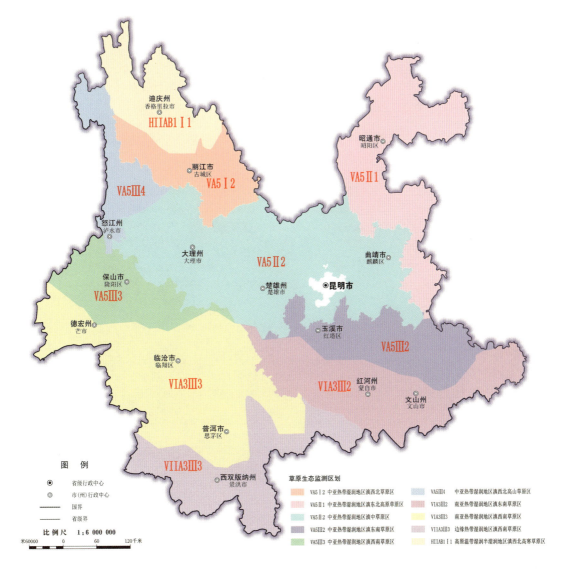

图 3-17 云南省草原生态监测区划

依据草原生态区划在每个生态区应该至少布设 1 个草原生态站,共布设 10 个草原生态站(图 3-18、表 3-11)。根据生态区位重要性及生态站的典型性和代表性,设置草原生态站的重点站和基本站。重点站的重要性高于基本站,建设水平高于基本站,优先进行建设。

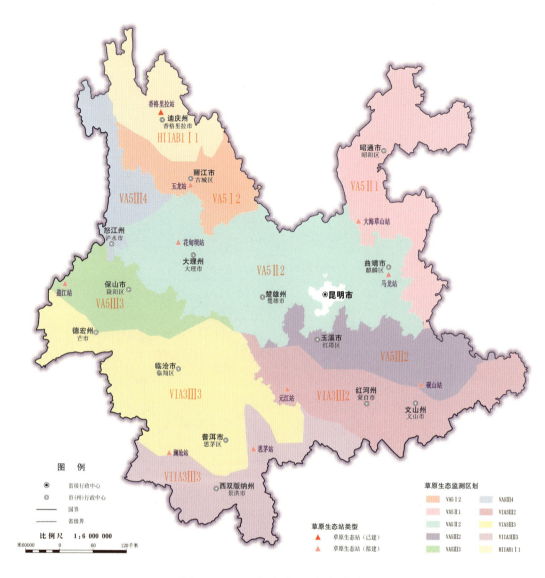

图 3-18 云南省草原生态站布局

表 3-11 草原生态站基础信息

编号	生态站	生态站类型和级别	生态区	主导生态功能区	所属地市
1	香格里拉站	草原重点站	高原温带湿润/半湿润地区滇西北高寒草原区	川滇森林及生物多样性保护生态功能区、横断山南段生物多样性保护优先区	迪庆州
2	玉龙站	草原基本站	中亚热带湿润地区滇西北草原区	川滇森林及生物多样性保护生态功能区、生态功能区、横断山南段生物多样性保护优先区	丽江市

（续）

编号	生态站	生态站类型和级别	生态区	主导生态功能区	所属地市
3	马龙站	草原重点站	中亚热带湿润地区滇中草原区	—	曲靖市
4	花甸坝站	草原基本站	中亚热带湿润地区滇中草原区	—	大理市
5	盈江站	草原基本站	中亚热带湿润地区滇西南草原区	—	德宏州
6	元江站	草原基本站	南亚热带湿润地区滇东南草原区	—	玉溪市
7	思茅站	草原基本站	边缘热带湿润地区滇西南草原区	西双版纳生物多样性保护优先区	普洱市
8	澜沧站	草原基本站	南亚热带湿润地区滇西南草原区	—	临沧市
9	大海草山站	草原基本站	中亚热带湿润地区滇东北高原草原区	—	曲靖市
10	砚山站	草原基本站	中亚热带湿润地区滇东南草原区	—	文山州

四、湿地生态站布局

湿地生态站点布局建设应覆盖云南主要自然湿地类型和重要人工湿地类型。根据云南湿地资源特征，优先选择湖泊湿地、河流湿地、人工湿地等作为建站对象。同时，坚持重要湿地优先布设原则、湿地生境类型典型性原则、湿地系统的长期稳定性及监管的便利性等原则，依据《中国湿地保护行动计划》，在国家重要湿地特别是国际重要湿地、重要的国家级自然保护区、国家湿地公园、全国重要生态系统保护和修复重大工程区和重要城市群优先布设湿地生态站，形成能够满足云南生态建设和生态安全等宏观需求的湿地观测和科研网络。

因此，基于上述原则，选择典型抽样的方法，同时参照云南湿地资源特点和已有湿地站点布局，选择其中的湖泊湿地、河流湿地等典型的湿地类型作为建站区域，并根据生态区位重要性及生态站的典型性和代表性，分为重点站和基本站。重点站的重要性高于基本站，建设水平高于基本站，优先进行建设。共布局12个湿地生态站，形成湿地生态系统监测网络，如图3-19、表3-12。

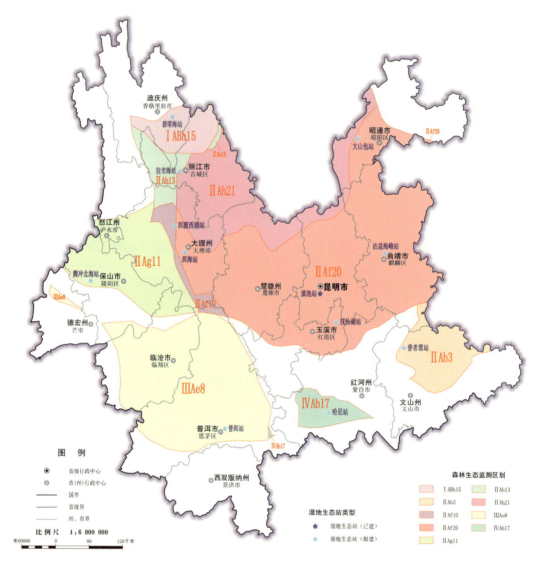

图 3-19 湿地生态站布局

表 3-12 湿地生态站基础信息

编号	湿地生态站	湿地类型	生态站类型和级别	所属地区
1	碧塔海站	湖泊湿地	湿地重点站	迪庆州
2	拉市海站	湖泊湿地	湿地重点站	丽江市
3	洱海站	湖泊湿地	湿地基本站	大理州
4	洱源西湖站	湖泊湿地	湿地基本站	大理州
5	大山包站	湖泊湿地	湿地基本站	昭通市
6	沾益海峰站	湖泊湿地	湿地重点站	曲靖市

（续）

编号	湿地生态站	湿地类型	生态站类型和级别	所属地区
7	滇池站	湖泊湿地	湿地基本站	昆明市
8	抚仙湖站	湖泊湿地	湿地基本站	玉溪市
9	普者黑站	湖泊湿地	湿地基本站	文山州
10	哈尼梯田站	人工湿地	湿地基本站	红河州
11	普洱站	库塘湿地	湿地基本站	普洱市
12	腾冲北海站	湖泊湿地	湿地基本站	保山市

五、荒漠化生态站布局

荒漠化生态站点布局建设应覆盖云南岩溶石漠化区域的全部类型（断陷盆地、峰丛洼地和岩溶峡谷），以及干热河谷的关键区域和核心地段。与此同时，坚持重点生态功能区优先布局原则，在全国重点生态功能区、全国生物多样性保护优先区、全国重要生态系统保护和修复重大工程区优先布局形成不仅能够满足荒漠生态系统定位观测的科学需求，同时也完全满足国家防治荒漠化、防沙治沙、石漠化等重点工程宏观需求的荒漠化观测和科研网络。

因此，基于上述原则，选择典型抽样的方法，同时参照云南石漠化和干热河谷的特点和已有荒漠化站点布局，选择断陷盆地、峰丛洼地和岩溶峡谷石漠化类型和干热河谷的关键区域和核心地段作为建站区域，布局4个石漠化生态站、3个干热河谷生态站，形成荒漠化生态系统监测网络，见表3-13、图3-20。

表3-13 石漠化和干热河谷生态站基础信息

编号	荒漠生态站	类型	监测对象	生态站类型和级别	所属地区
1	元谋站	干热河谷	云南丽江（金沙江河谷）	干热河谷重点站	楚雄州
2	元江站	干热河谷	金沙江河谷	干热河谷站	玉溪市
3	德钦站	干暖河谷	云南迪庆州，兼顾香格里拉普达措国家公园	干热河谷基本站	迪庆州
4	建水站	断陷盆地	滇东或滇东南地区	石漠化重点站	红河州
5	石林站	断陷盆地	石林世界自然遗产	石漠化基本站	昆明市
6	广南站	峰丛洼地	广南喀斯特地区	石漠化基本站	文山州
7	彝良站	岩溶峡谷	云南彝良国家石漠公园	石漠化基本站	昭通市

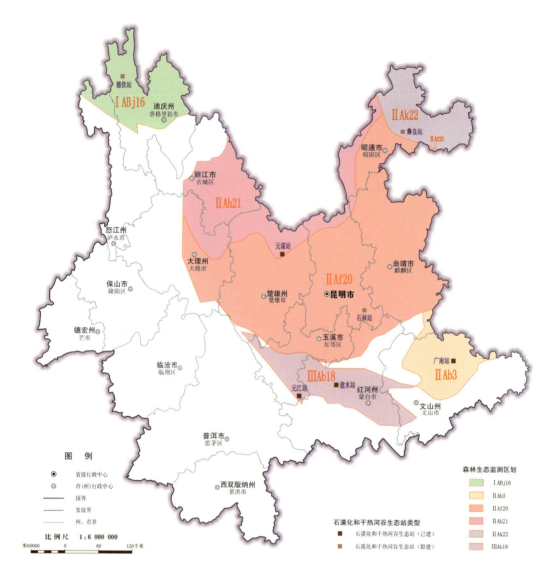

图 3-20　石漠化和干热河谷生态站布局

六、城市生态站布局

城市生态站点建设应依据国家"一带一路"战略重要节点城市、长江经济带、国家重点城市群进行布局。因此，基于上述原则，选择典型抽样的方法，在云南省共布设 4 个城市生态站，其中昆明为城市重点站，其余 3 个为城市基本站，见表 3-14、图 3-21。

表 3-14　城市生态站基本信息

编号	城市生态站	监测对象	生态站类型和级别	所属地区
1	昆明站	昆明	城市重点站	昆明市
2	曲靖站	曲靖	城市基本站	曲靖市
3	楚雄站	楚雄	城市基本站	楚雄州
4	玉溪站	玉溪	城市基本站	玉溪市

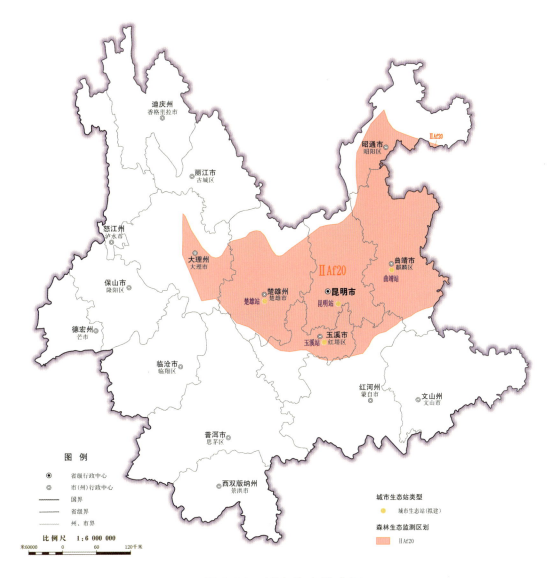

图 3-21 城市生态站布局

七、总体布局

云南省生态监测网络共布设生态站 64 个,其中森林生态站 31 个,草原生态站 10 个,湿地生态站 12 个,石漠化和干热河谷生态站 7 个,城市生态站 4 个(图 3-22)。此外,森林生态站中的会泽站、玉溪站、滇中高原站、楚雄桉树林站、高黎贡山站、版纳橡胶林站和普洱站,荒漠化和干热河谷生态站中的元谋站、元江站、建水站和广南站,同时可作为退耕还林监测站,以评估退耕还林工程的生态效益。

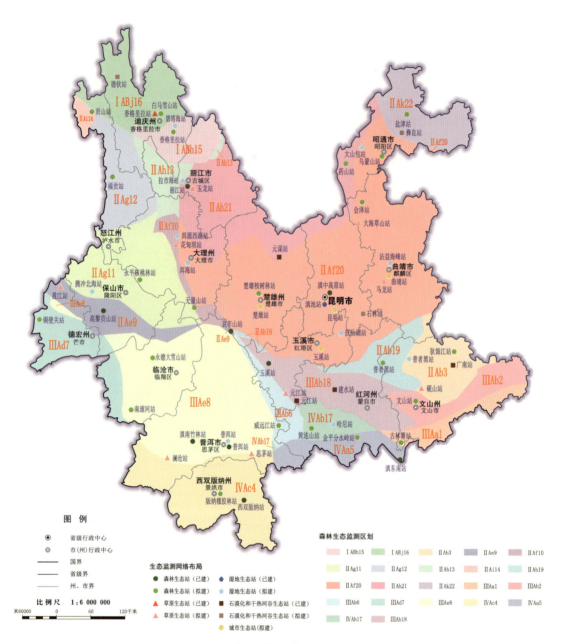

图 3-22　云南省生态监测网络总体布局

第四章

云南省林草资源生态连清体系监测网络建设与管理

第一节 林草资源生态连清技术体系构建

森林生态站、草原生态站、湿地生态站和城市生态站的监测和数据汇交为两级,即基本指标数据和自选指标数据监测。重点生态站按照国家级生态站数据汇交的要求指标及格式开展全要素监测,目标是完成国家级生态站基本指标清单和自选指标监测数据的全面监测和汇总提交。基本生态站建设的目标是完成国家级生态站要求中基本指标数据的全面监测和汇总提交。

一、森林生态站野外观测内容

森林生态站按照国家标准《森林生态系统长期定位观测指标体系》(GB/T 35377—2017)(附表3)规定,开展气象常规指标、森林土壤理化指标、森林生态系统的健康与可持续发展指标、森林水文指标及森林的群落学特征指标的观测(表4-1、表4-2)。

表4-1 森林生态站监测基本指标

指标体系	指标类别	观测指标	单位	观测频度	备注
气象常规指标	天气现象	气压	百帕	每小时1次	
	风	10米处风速	米/秒	每小时1次	
		10米处风向	°		
	空气温度	最低温度	℃	由定时值获取	
		最高温度			
		定时温度		每小时1次	

(续)

指标体系	指标类别	观测指标	单位	观测频度	备注
气象常规指标	地表面和不同深度土壤的温度	地表定时温度	℃	每小时1次	
		地表最低温度		由定时值获取	
		地表最高温度			
		10厘米深度地温		每小时1次	
		20厘米深度地温			
		30厘米深度地温			
		40厘米深度地温			
	空气湿度	相对湿度	%		
	辐射	总辐射量	瓦/平方米		
		日照时数	小时		
		光合有效辐射	瓦/平方米		
	大气降水	降水量	毫米		
	水面蒸发	蒸发量			
	空气质量	空气负离子	个/立方厘米		
		PM$_{2.5}$、PM$_{10}$等颗粒物浓度	微克/立方米		有条件的生态站观测
森林土壤理化指标	森林枯落物	厚度	毫米	每年1次（3~5月）	
	土壤物理性质	土壤颗粒组成	%	每5年1次（逢1逢6），例如2011年、2016年、2021年等	观测区间为0~40厘米，步长为10厘米，有条件的站点可增加深度
		土壤容重	克/立方厘米	每5年1次（逢1逢6）	
		土壤总孔隙度毛管孔隙及非毛管孔隙	%		
	土壤化学性质	土壤pH值		每年1次（3~5月）	
		土壤有机质	%	每5年1次（逢1逢6）	注明采样深度
		土壤全氮			
		水解氮	毫克/千克		
		亚硝态氮			
		土壤全磷	%		
		有效磷	毫克/千克		

（续）

指标体系	指标类别	观测指标	单位	观测频度	备注
森林土壤理化指标	土壤化学性质	土壤全钾	%	每5年1次（逢1逢6）	注明采样深度
		速效钾	毫克/千克		
		缓效钾			
森林生态系统的健康与可持续发展指标	生物多样性	国家或地方保护动植物的种类、数量		每5年1次（逢1逢6）	
		地方特有物种的种类、数量			
		动植物编目、数量			
森林水文指标	水量	林内穿透雨量	毫米	每小时1次	
		树干径流量		每次降水时观测	
		坡面径流量		每日1次	
		流域径流量			
		地下水位	米		
		枯枝落叶层含水量	毫米		
	水质	水解氮、亚硝态氮、全磷、有效磷、COD、BOD、pH值、泥沙浓度	除pH值以外，其他均为毫克/立方分米或微克/立方分米	每月1次（中旬）	径流小区或流域
森林群落学特征指标	森林群落结构	森林群落的年龄	年	每5年1次（逢1逢6）	
		森林群落的起源			
		森林群落的平均树高	米		
		森林群落的平均胸径	厘米		
		森林群落的密度	株/公顷		
		森林群落的树种组成			
		森林群落的动植物种类数量			
		森林群落的郁闭度			
		森林群落主林层的叶面积指数			
		林下植被(亚乔木、灌木、草本)平均高	米		
		林下植被总盖度	%		

（续）

(续)

指标体系	指标类别	观测指标	单位	观测频度	备注
森林群落学特征指标	森林群落乔木层生物量和林木生长量	树高年生长量	米	每5年1次（逢1逢6）	
		胸径年生长量	厘米		
		乔木层各器官(干、枝、叶、果、花、根)的生物量			
		灌木层、草本层地上和地下部分生物量	千克/公顷		
	森林凋落物量	林地当年凋落物量			
	森林群落的养分	碳，氮，磷，钾			
	群落的天然更新	包括树种、密度、数量和苗高等	株/公顷、株、厘米		
	物候特征	乔灌木物候特征	年/月/日	人工实时观测	
		草本物候特征			

表4-2 森林生态站监测自选指标

指标体系	指标类别	观测指标	单位	观测频度
气象常规指标	天气现象	云量、风、雨、雪、雷电、沙尘		每日1次
	辐射	净辐射量	瓦/平方米	每小时1次
		分光辐射		
		UVA/UVB辐射量		
森林土壤理化指标	土壤化学性质	土壤阳离子交换量	厘摩尔/千克	每5年1次（逢1逢6），例如2011年、2016年、2021年等
		土壤交换性钙和镁(盐碱土)		
		土壤交换性钾和钠		
		土壤交换性酸量(酸性土)		
		土壤交换性盐基总量		
		土壤碳酸盐量(盐碱土)		
		土壤水溶性盐分(盐碱土中的全盐量、碳酸根和重碳酸根、硫酸根、氯根、钙离子、镁离子、钾离子、钠离子)	%，毫克/千克	
		土壤全镁	%	
		有效镁	毫克/千克	

(续)

(续)

指标体系	指标类别	观测指标	单位	观测频度
森林土壤理化指标	土壤化学性质	土壤全钙	%	每5年1次（逢1逢6），例如2011年、2016年、2021年等
		有效钙	毫克/千克	
		土壤全硼	%	
		有效硼	毫克/千克	
		土壤全锌	%	
		有效锌	毫克/千克	
		土壤全锰	%	
		有效锰	毫克/千克	
		土壤全钼	%	
		有效钼	毫克/千克	
		土壤全铜	%	
		有效铜	毫克/千克	
森林生态系统的健康与可持续发展指标	病虫害的发生与危害	有害昆虫与天敌的种类		每年1次
		受到有害昆虫危害的植株占总植株的百分率	%	
		有害昆虫的植株虫口密度和森林受害面积	个/公顷、公顷	
		植物受感染的菌类种		
		受到菌类感染的植株占总植株的百分率	%	
		受到菌类感染的森林面积	公顷	
	水土资源的保持	林地土壤的侵蚀强度	级	
		林地土壤侵蚀模数	吨/（平方千米·年）	
	污染对森林的影响	对森林造成危害的干、湿沉降组成成分		
		大气降水的酸度，即pH值		
		林木受污染物危害的程度		
	与森林有关的灾害的发生情况	森林流域每年发生洪水、泥石流的次数和危害程度以及森林发生其他灾害的时间和程度，包括冻害、风害、干旱、火灾等		
森林水文指标	水量	森林蒸散量	毫米	每月1次或每个生长季1次
	水质	微量元素(硼、锰、钼、锌、铁、铜)，重金属元素(镉、铅、镍、铬、硒、砷、钛)	毫克/立方米或毫克/立方分米	有本底值以后，每5年1次（逢1逢6），特殊情况需增加观测频度

二、草原生态站观测指标

草原生态站观测按照《草地气象监测评价方法》(GB/T 34814—2017)、《北方草地监测要素与方法》(QX/T 212—2013) 和《森林生态系统定位观测指标体系》(GB/T 35377—2017) 等技术规范的要求，编制了《云南省草原生态系统定位观测指标体系》开展气象指标、土壤指标、水文指标及草地的群落学特征指标的观测（表4-3、表4-4）。

表4-3 草原生态站监测基本指标

指标体系	指标类别	观测指标	单位	观测频度	备注
气象指标	天气现象	积雪持续日数	天		
		积雪深度	厘米		
		有效生长季	天	每年1次	
		初终雪、霜		每年1次	
	空气湿度	最低温度	℃	由定时值获取	
		在高温度		由定时值获取	
		日平均温度		每天1次	
		活动积温			
	辐射	总辐射量	瓦/平方米	每小时1次	
		日照时数	小时		
		光合有效辐射	瓦/平方米		
	大气降水	降水量	毫米		
		雨水水质			
		无霜期	天		
土壤指标	土壤物理性质	土壤湿度 土壤相对湿度 土壤田间含水量	%	每5年1次（逢1逢6），例如2011年、2016年、2021年等	观测区间为0~40厘米，步长为10厘米，有条件的站点可增加深度
		土壤容重	克/立方厘米	每5年1次（逢1逢6）	
	土壤化学性质	土壤pH值		每年1次（3~5月）	
		土壤有机质	%	每5年1次（逢1逢6）	注明采样深度
		土壤全氮			
		水解氮	毫克/千克		

（续）

指标体系	指标类别	观测指标	单位	观测频度	备注
土壤指标	土壤化学性质	土壤全磷	%	每5年1次（逢1逢6）	注明采样深度
		有效磷	毫克/千克		
		土壤全钾	%		
		速效钾	毫克/千克		
	土壤水分	土壤含水量	%	连续观测	10厘米 20厘米 50厘米 100厘米 150厘米 200厘米
水文指标	水量	流域径流量	毫米	每日一次	
		地下水位	米	每月一次（中旬）	
生物学指标	草地群落结构	草地群落指示种		每5年1次（逢1逢6）	
		牧草频度	%		
		牧草多度			
		草层高度	厘米	每5年1次（逢1逢6）	
		牧草盖度	%		
		可食草产量	米		
	物候特征	草本物候特征	年/月/日	人工实时观测	

表 4-4　草原生态监测自选指标

指标体系	指标类别	观测指标	单位	观测频度
气象指标	天气现象	云量、风、雨、雪、雷电		每日1次
	天气湿度	相对湿度	%	
	辐射	直接辐射	瓦/平方米	每小时1次
		反射辐射		
		净辐射		
		光合有效辐射		
	水面蒸发	蒸发量	毫米	
	地表面和不同深度土壤的温度	地表定时温度	℃	由定时值获取
		地表最低温度		
		地表最高温度		
	空气质量	$PM_{2.5}$、PM_{10} 等颗粒物浓度	微克/立方米	每小时1次

（续）

指标体系	指标类别	观测指标	单位	观测频度
土壤指标	土壤指标	土壤阳离子交换量	厘摩尔/千克	
		土壤交换性钙和镁（盐碱土）		
		土壤交换性钾和钠		
		土壤交换性酸量（酸性土）		
		土壤交换性盐基总量		
		土壤碳酸盐量（盐碱土）		
		土壤水溶性盐分（盐碱土中的全盐量，碳酸根和重碳酸根、硫酸根、氯根、钙离子、镁离子、钾离子、钠离子）	%，毫克/千克	
		土壤全镁	%	每5年1次（逢1逢6）
		有效镁	毫克/千克	
		土壤全钙	%	
		有效钙	毫克/千克	
		土壤全硫	%	
		有效硫	毫克/千克	
		土壤全硼	%	
		有效硼	毫克/千克	
		土壤全锌	%	
		有效锌	毫克/千克	
		土壤全锰	%	
		有效锰	毫克/千克	
		土壤全钼	%	
		有效钼	毫克/千克	
		土壤全铜	%	
		有效铜	毫克/千克	
水文指标	水量	草地蒸散量	毫米	每月1次或每个生长季1次
	水质	pH值		大气降水为每次降水时测，地表径流为每月1次，地下水为每年1次
		矿化度、钙离子、镁离子、钾离子、钠离子、碳酸根、重碳酸根、氯离子、硫酸根、磷酸根、硝酸根、总氮、总磷	毫克/升或微克/升	大气降水为每次降水时测，地表径流为每月1次，地下水为每年1次
		微量元素（硼、锰、钼、锌、铁、铜），重金属元素（镉、铅、镍、铬、硒、砷、汞、钴、钛）	毫克/立方米或毫克/升	每5年1次（逢1逢6）

（续）

指标体系	指标类别	观测指标	单位	观测频度
水文指标	水质	物候期		每年观测
		土壤种子库调查(植物种及有效种子数量)		每5年1次（逢1逢6）
生物学指标	生物多样性	国家或地方保护动植物的种类、数量		
		地方特有物种的种类、数量		
		微生物种类、数量		
	动物调查	鸟类的种类和数量、大型兽类的种类和数量、小型兽类的种类和数量、土壤动物的种类和数量、昆虫的种类和数量		
		主要物种的物候特征		每年观测
	土壤微生物	主要土壤微生物的类别、数量	个/克	每5年1次（逢1逢6）
		土壤呼吸作用强度	毫克/（平方米·小时）	每5年1次（逢1逢6），每次分季节测定
	草地枯落物量	当年枯落物量	千克/公顷	
	草地群落的养分	枯落物的元素含量与能值		
健康与可持续发展指标	干旱	土壤相对湿度确定草地干旱等级		
	牧区雪灾（白灾）	积雪掩埋草场程度		
		积雪持续日数	天	
		积雪面积比	%	
	鼠害	鼠土堆面积比		
	病虫害	受害期		每年1次
		受害症状		
		受害的植株占总植株的百分率	%	
		有害昆虫的植株虫口密度和草地受害面积	个/公顷、公顷	
	水土资源的保持	草地土壤的侵蚀程度	级	每年1次
		草地土壤侵蚀模数	吨/（平方千米·年）	
	与草地有关的灾害的发生情况	草地发生灾害的时间和危害程度，包括火灾、黑灾等		

三、湿地生态站观测指标

湿地生态站按照《湿地生态系统定位观测指标体系》(LY/T 1707—2007)和《重要湿地监测指标体系》(GB/T 27648—2011)等技术规范的要求,开展湿地资源综合指标、湿地气象常规与梯度观测指标、湿地大气沉降指标、湿地土壤理化指标、湿地生态系统健康指标、湿地水文指标、湿地群落学特征指标的监测(表4-5、表4-6)。

表4-5 湿地生态监测基本指标

指标体系	指标类别	观测指标	单位	观测频度	备注
湿地土壤观测指标	气压	气压	百帕	连续观测	
	风	10.0米处风速	米/秒		
		10.0米处风向	°		
	空气温度	温度	℃		
	地温	地表、10厘米、20厘米、30厘米、40厘米深度定时温度	℃		
		地表热通量	瓦/(平方米·秒)		
	空气湿度	湿度	%		
	辐射	总辐射量	瓦/平方米		
		日照时数	小时		
		光合有效辐射	瓦/平方米		
	大气降水	降水量	毫米	每次降水时观测	
	水面蒸发	蒸发量		连续观测	E601蒸发器观测
	空气质量	空气负离子	个/立方厘米		
		PM$_{2.5}$、PM$_{10}$等颗粒物	微克/立方厘米		
	土壤物理性质	土壤容重	克/立方厘米	每季1次	
		土壤饱和导水率	毫米/天		
		湿地土壤含水量	%		体积含水量
	土壤化学性质	土壤pH值	—		
		氧化还原电位	毫伏		
		土壤有机质	毫克/千克		
		土壤全盐量			

（续）

指标体系	指标类别	观测指标	单位	观测频度	备注
湿地土壤观测指标	土壤化学性质	土壤全氮、亚硝态氮	毫克/千克	每年1次	
		土壤全磷、有效磷			
		土壤全钾、有效钾			
		土壤全镁、全钙、全硫、全硼、全锌、全锰、全钼、全铜、全铁		每5年1次（逢1逢6）	
		土壤有机碳		每年1次	
	泥炭层	厚度	米	每5年1次（逢1逢6）	有泥炭积累测量该指标
		分层情况	—		
		分布面积	公顷		
	冻土	冻土类型	—	每年1次	有冻土层测量该指标
		冻土深度	厘米		
		土壤始冻及解冻时间	年/月/日	始冻及解冻期每日1次	
		分布面积	公顷	每5年1次（逢1逢6）	
湿地水文观测指标	近海与海岸湿地	潮汐类型	—	连续观测	
		平均高潮位	米		
		平均低潮位			
	河流湿地	干流和一级支流长度	千米	建站时观测	
		流量	立方米/秒	连续观测	
		流速	米/秒		
		最大宽度	米	每5年1次（逢1逢6）	
		最小宽度			
		平均宽度			
		水位		连续观测	
	湖泊湿地	岸线周长	米	每年1次	
		水面面积	公顷		
		水位	米	连续观测	
		平均淹水深度		—	
		最大淹水深度		丰水时观测	
		水分更新率	%	每年1次	

（续）

(续)

指标体系	指标类别	观测指标	单位	观测频度	备注
湿地水文观测指标	沼泽湿地	淹水历时	天	淹水时观测	
		淹水面积	公顷		
		平均淹水深度	米		
		最大淹水深度			
		地下水位		连续观测	
	物理性质	温度	℃	每季1次	
		色度	—	—	
		浊度	NTU	每季1次	
		气味	—	—	
		透明度	米		
		电导率	微西门子/厘米		
	化学性质	pH值	—	每季1次	近海与海岸湿地必测
		矿化度	毫克/立方分米		
		总碱度			
		总悬浮性固体（TSS）			
		盐度	%		
		总氮（以N计）、硝态氮（NO_3^-）、亚硝态氮（NO_2^-）、氨氮（NH_3-N）	毫克/立方分米		
		总磷（以P计），可溶性磷（PO_4^{3-}）			
		化学需氧量（COD）			
		五日生物化学需氧量（BOD_5）			
		重金属元素包括镉（Cd）、铅（Pb）、镍（Ni）、铬（Cr）、铯（Se）、锡（As）、钛（Ti）及汞（Hg）等	毫克/立方米	每5年1次（逢1逢6）	
	溶解性气体	溶解氧（DO）	毫克/立方分米	每季1次	
		二氧化碳（CO_2）			
		甲烷（CH_4）			

（续）

指标体系	指标类别	观测指标	单位	观测频度	备注
湿地生物观测指标	湿地植被特征	类型	—	每年1次	
		面积	公顷		
		覆盖率	%		
	湿地植物群落特征	种群组成	—	每年生长季1次	
		生活型			
		多度			
		密度	株（丛）/平方米		
		盖度	%		
		高度	米		
		叶面积指数	—		
	湿地植物群落生物量	地上生物量	千克/平方米、吨/公顷		分为草本、灌木、乔木等
		地下生物量	克/立方米		
	湿地野生动物	种类	—	每年1次/迁徙季节1次	迁徙期、洄游期同步观测，重点关注濒危珍稀物种，尤其水鸟
		数量			
		分布			
	湿地土壤动物	种类		每年1次	
		密度	个/平方米		
		生物量	克/平方米		
	湿地浮游动物	种类	—	每季1次	
		密度	个/立方米		
		生物量	克/立方米		
		种类	—		
		生物量	毫克/立方分米		
		叶绿素a			
	湿地底栖动物	种类	—		
		密度	个/平方米		

(续)

指标体系	指标类别	观测指标	单位	观测频度	备注
湿地灾害观测指标	有害入侵物种	种类	—	发生时观测	
		发生面积	公顷		
		分布	—		
	虫害	有害昆虫与天敌种类	—		
		发生面积	公顷		
		受到有害昆虫危害的植株占总植株的百分率	%		
		有害昆虫的植株虫口密度	个/公顷		
		分布	—		
	病害	植物受感染的有害菌类种类	—		
		受到菌类感染的植株占总植株百分率	%		
		受到菌类感染的湿地面积	公顷		
		分布	—		
	水华/赤潮	发生频度	次		
		发生面积	公顷		
		持续时间	天		
		危害程度	—		
		分布	—		

表4-6 湿地生态站监测自选指标

指标体系	指标类别	观测指标	单位	观测频度	备注
湿地气象观测指标	天气现象	云量、风、雨、雪、雷电、沙尘		每日1次	
	空气温度	湿地上方0.5米、1.0米、2.0米、4.0米和10米处温度	℃	连续观测	
	湿度	湿地上方0.5米、1.0米、2.0米、4.0米和10米处湿度	%		
	地温	60厘米、80厘米深度定时温度	℃		

(续)

（续）

指标体系	指标类别	观测指标	单位	观测频度	备注
湿地土壤观测指标	辐射	净辐射量	瓦/平方米	连续观测	
	土壤物理性质	土壤蒸发量	毫米		
		沉积物粒度	%		
		土壤总孔隙度、毛管孔隙度及非毛管孔隙度			
		沉积层厚度	米		
		土壤渗透系数	毫米/天		
	土壤化学性质	土壤阳离子交换量	厘摩尔/千克	每年1次	
		土壤交换性钙和镁（盐碱土）			
		土壤交换性钾和钠			
		土壤交换性酸量（酸性土）			
		土壤交换性盐基总量			
		土壤碳酸盐量（盐碱土）			
		土壤水溶性盐分 [包括钙离子（Ca^{2+}）、镁离子（Mg^{2+}）、钾离子（K^+）、钠离子（Na^+）、碳酸根离子（CO_3^{2-}）、碳酸氢根离子（HCO_3^-）、氯离子（Cl^-），硫酸根离子（SO_4^{2-}）]	毫克/千克		
		土壤有效镁、有效钙、有效硫、有效硼、有效锌、有效锰、有效钼、有效铜、有效铁		每5年1次（逢1逢6）	
湿地水质观测指标	物理性质	总残渣		每季1次	
	化学性质	硬度	毫克/立方分米		
		钾离子（K^+）、钠离子（Na^+）、Fe^{2+}、Al^{3+}、碳酸根离子（CO_3^{2-}）、碳酸氢根离子（HCO_3^-）、氯离子（Cl^-）、硫酸根离子（SO_4^{2-}）			

（续）

（续）

指标体系	指标类别	观测指标	单位	观测频度	备注
湿地水质观测指标	化学性质	微量元素包括硼（B）、锰（Mn）、钼（Mo）、锌（Zn）、铁（Fe）及铜（Cu）等	毫克/立方米	每年1次	
		颗粒状有机碳（POC）	毫克/立方分米		
		硫化物			
		易分解类			包括硫磷、对硫磷、马拉硫磷、乐果、敌敌畏及敌百虫等有机磷农药
		难分解类			包括有机氯农药及多氯联苯等
	溶解性气体（包括部分温室气体）	气体溶解度		每季1次	
		氮氧化物		连续观测	
		氨（NH_3）			
		硫化氢（H_2S）			
湿地生物观测指标	湿地植物凋落物	厚度	米	每年1次	
		重量	千克/平方米		
	湿地微生物	种类	—	每季1次	
		菌落数	CFU/立方厘米，CFU/克		
		总大肠菌群数	MPN/立方厘米		
湿地灾害观测指标	疫源疫病	疫源种类	—	发生时监测	
		疫病类型			
		发生区域			
		疫源异常比率	%		
	兽害	种类	—		
		发生面积	公顷		
			—		

(续)

指标体系	指标类别	观测指标	单位	观测频度	备注
湿地灾害观测指标	火灾	过火面积	公顷	发生时观测	
		过火持续时间	天		
		火灾发生频度	次		
		类型	—		分为重大火灾、较大火灾及一般火灾等类型
		强度			
	气象灾害	类型	—		分为洪涝、干旱、冷害、冻害、雪害、雹害、风害及龙卷风等类型
		强度			

四、荒漠化生态站观测指标

荒漠化生态站的监测任务根据《极端干旱区荒漠生态系统定位观测指标体系》(LY/T 2091—2013)、《荒漠生态系统定位观测技术规范》(LY/T 1752—2008) 规定的内容开展监测（表4-7、表4-8）。

表 4-7　荒漠化生态站监测基本指标

指标体系	指标类别	观测指标	单位	观测频度	备注
气象指标	天气现象	扬沙、沙尘暴		实时观测	没有可不观测
	气压	气压	百帕	每小时1次	
	风	10米处风速	米/秒		
		10米处风向	°		
	空气温度	最低温度 最高温度	℃	由定时值获取	
		定时温度		每小时1次	
	地温	地表定时温度			
		地表最低温度		由定时值获取	
		地表最高温度			

（续）

指标体系	指标类别	观测指标	单位	观测频度	备注
气象指标	地温	10厘米深度土壤温度	℃	每小时1次	
		20厘米深度土壤温度			
		50厘米深度土壤温度			
	空气湿度	相对湿度	%		
	辐射	总辐射量	瓦/平方米		
	日照	日照时数	小时		
	降水	降水量	毫米		
	水面蒸发	蒸发量			
	风沙观测	大气降尘	千克/平方米	发生扬沙时实时观测，3月底观测一次	不同高度，水平垂直降尘量
		沙尘蠕移			地表蠕移量
土壤指标	土壤类型	土壤类型		每3年1次	
	地表状况	覆沙厚度	厘米	每年1次	
		积沙量	克/平方米		
		土壤风蚀量			
		结皮类型			
	土壤物理性质	土壤剖面特征分层描述		每5年1次	0厘米，10厘米，20厘米，50厘米，100厘米，150厘米，200厘米
		土壤颗粒组成	%		
		土壤容重	克/立方厘米		
		土壤田间持水量	%		
		土壤总孔隙度			
	土壤化学性质	土壤pH值		每5年1次（逢1逢6）	注明采样深度
		土壤全氮	%		
		土壤碳含量			
		有效氮（铵态氮和硝态氮）	毫克/千克		
		全磷	%		
		有效磷	毫克/千克		
		全钾	%		
		速效钾	毫克/千克		

（续）

（续）

指标体系	指标类别	观测指标	单位	观测频度	备注
土壤指标	土壤水分	土壤含水量	%	连续观测	10厘米、20厘米、50厘米、100厘米、150厘米、200厘米，石漠化地区参照森林生态站
水文指标	水量	地下水位	米	连续观测	
生物学指标	动植物种类	国家或地方保护物种及其数量的种类、数量 地方特有物种的种类、数量		每5年1次（逢1逢6）	
		动植物编目、数量与分布			
		物种萌芽、开花、结实、种子散布、枯黄期	年/月/日		
	植物群落分布	群落类型及分布面积	公顷或平方米		
		群落分布图			
	植物种群特征	群落的种类组成 成层结构 水平镶嵌结构图			
		总盖度			
		群落的天然更新（包括植物种及其密度、分布和苗高等）	株/公顷或株/平方米，厘米		
		灌木地上生物量 灌木地下生物量 草本地上生物量 草本地下生物量 凋落物现存量	千克/公顷		
		物种数量	个		
		各种群盖度	%		
		各种群平均高度	厘米		
		各种群密度	株（丛）/平方米		
		根系主要分布层范围	厘米		
		根系分布层范围			
	化学特征	叶^{13}C同位素	‰		
		根、茎、叶碳含量			
		叶氮含量			
		主要根系分布层土壤氮含量			
		主要根系分布层土壤碳含量			

表 4-8　荒漠化生态站监测自选指标

指标体系	指标类别	观测指标	单位	观测频度
气象指标	辐射	直接辐射	瓦/平方米	每小时1次
		反射辐射		
		净辐射		
		光合有效辐射		
	冻土	深度	厘米	每日1次，有冻土必须观测，记录冻土深度，初冻、解冻时间
土壤指标	土壤化学性质	全盐量、碳酸钙	%	每5年1次（逢1逢6）
		碳酸根和重碳酸根、氯根、硫酸根、钙离子、镁离子、钾离子、钠离子	毫克/升或微克/升	
		土壤矿质全量（硅、铁、铝、钛、钙、镁、钾、钠、磷）	%	
		微量元素（全硼、有效硼、全钼、有效钼、全锰、有效锰、全锌、有效锌、全铜、有效铜、全铁、有效铁）	毫克/立方米或微克/升	
		重金属元素（硒、钴、镉、铅、铬、镍、汞、砷）	毫克/千克	
水文指标	水质	pH值		大气降水为每次降水时测，地表径流为每月1次，地下水为每年1次
		矿化度、钙离子、镁离子、钾离子、钠离子、碳酸根、重碳酸根、氯离子、硫酸根、磷酸根、硝酸根、总氮、总磷	毫克/升或微克/升	
		微量元素（硼、锰、钼、锌、铁、铜），重金属元素（镉、铅、镍、铬、硒、砷、汞、钴、钛）	毫克/立方米或毫克/升	每5年1次（逢1逢6）
生物学指标	植物群落特征	灌木层盖度、草本层盖度	%	每年1次
		优势种的热值	焦耳/千克	每5年1次（逢1逢6）
	植物群落中植物种的特征	种群盖度	%	每年1次
		高度	厘米	
		多度	Drude多度级	
		密度	株（丛）/平方米	
		频度	%	
		种群空间分布格局		
		一年生植物种群动态		

（续）

指标体系	指标类别	观测指标	单位	观测频度
生物学指标	植物群落中植物种的特征	物候期		每年观测
		土壤种子库调查(植物种及有效种子数量)		每5年1次（逢1逢6）
	动物调查	鸟类的种类和数量 大型兽类的种类和数量 小型兽类的种类和数量 土壤动物的种类和数量 昆虫的种类和数量		每5年1次（逢1逢6）
		主要物种的物候特征		每年观测
	土壤微生物	主要土壤微生物的类别 主要土壤微生物的数量	个/克	每5年1次（逢1逢6）
		土壤呼吸作用强度	毫克/(平方米·小时)	每5年1次（逢1逢6）每次分季节测定

五、城市生态站观测指标

城市生态站观测林业标准在制定过程中尚未发布，暂时参照森林生态站、湿地生态站的相关要求监测评估城市森林、湿地等自然生态系统的污染净化、休闲游憩、生物多样性、科普教育等服务功能，满足城市发展和居民对城市森林、湿地等自然生态系统的生态、游憩、科普等多种需求（表4-9、表4-10）。

表4-9　云南城市生态站常规观测指标

指标类别	指标内容	观测指标	单位	观测频度
气象观测指标	风	风速	米/秒	连续观测或每日3次
		风向	°	
	气压	气压	百帕	
	空气温湿度	最低温度	℃	每日1次
		最高温度		
		定时温度		
		相对湿度	%	
	地表面温度	地表定时温度	℃	连续观测或每日3次
		地表最高温度		
		地表最低温度		

（续）

指标类别	指标内容	观测指标	单位	观测频度
气象观测指标	降水	降水总量	毫米	连续观测或每日3次
		降水强度	毫米/小时	
森林土壤常规指标	森林枯落物	厚度	毫米	每年1次
		持水量	%	
	土壤物理性质	土壤颗粒组成		每5年1次
		土层厚度	厘米	
		土壤容重	克/立方厘米	
		土壤总孔隙度、毛管孔隙及非毛管孔隙度	%	
		土壤含水量		
		土壤pH值		
	土壤化学性质	土壤全氮	%	
		水解氮	毫克/千克	
		土壤全磷	%	
		有效磷	毫克/千克	
		土壤全钾	%	
		速效钾	毫克/千克	
		土壤有机碳	克/千克	
		土壤有机质		
城市森林群落学指标	城市森林群落结构	森林群落的年龄		
		森林群落的起源		
		森林群落的密度	株/公顷	
		森林群落的树种组成		
		森林群落的动植物种类数量		
		森林群落的郁闭度		
		林下植被（亚乔木、灌木、草本）年平均高	米	
		林下植被盖度	%	
	城市森林群落乔木层生物量和林木生长量	树高年生长量	米	
		胸径年生长量	厘米	
		乔木层各器官（干、枝、叶、果、花、根）生物量和年增长量	千克/公顷	

（续）

(续)

指标类别	指标内容	观测指标	单位	观测频度
城市森林群落学指标	城市森林凋落物量	林地当年凋落物量	千克/公顷	每5年1次
	城市森林群落养分元素	碳、氮、磷、钾、钙、镁、铁、锰、铜、镉、铝		
	群落的天然更新	包括树种、密度、数量和苗高等	株/公顷，株，厘米	
	生物多样性指数	Shannon-Winner指数、均匀性指数		

注：H为林冠层高度。已成林的乔木林按林冠层、林冠下层、地表上方1米 3个层次做梯度观测，其他只按一个层次（$H/2$）进行观测。

表4-10　云南城市生态站自选观测指标

指标类别	指标内容	观测指标	单位	观测频度
气象观测指标	蒸发	蒸发量	毫米	每日1次
	辐射	总辐射量	瓦/平方米	连续观测
		净辐射量		连续观测
		分光辐射		连续观测
		UVA/UVB辐射		连续观测
		日照时数	小时	连续观测或每日1次
森林环境空气质量指标	吸附大气颗粒物	$PM_{2.5}$吸附量	微克	每季一次
		PM_{10}吸附量		每季一次
	大气环境颗粒物	$PM_{2.5}$	微克/立方米	连续观测
		PM_{10}		连续观测
	大气环境污染物	二氧化硫		连续观测
		臭氧		连续观测
		氮氧化物		连续观测
		一氧化碳		连续观测
	大气负离子	负离子含量	个/立方米	连续观测
森林小气候及梯度观测指标	气压	气压	百帕	连续观测
	风	林冠上方5米处风速	米/秒	连续观测

（续）

指标类别	指标内容	观测指标	单位	观测频度
森林小气候及梯度观测指标	风	林冠上方3米处风速	米/秒	连续观测
		林冠层0.75H处风速		
		林内距地面1.5米处风速		
		林冠上方3米处风向（E、S、W、N、SE、NE、SW、NW）	°	
	空气温度	冠层上方5米处温度	℃	
		冠层上方3米处温度		
		冠层0.75H处温度		
		林内距地面1.5米处温度		
		地被物层温度		
	树干温度	地上1~1.5米处温度		
	地表面温度和土壤温度	地表温度		
		10厘米深度土壤温度		
		20厘米深度土壤温度		
		30厘米深度土壤温度		
		40厘米深度土壤温度		
		80厘米深度土壤温度		
	空气相对湿度	林冠上方5米处湿度	%	
		林冠上方3米处湿度		
		林冠层0.75H处湿度		
		林内距地面1.5米处湿度		
		地被物层上方湿度		
	土壤含水量	10厘米深度土壤含水量		
		20厘米深度土壤含水量		
		30厘米深度土壤含水量		
		40厘米深度土壤含水量		
		80厘米深度土壤含水量		
森林土壤专项观测指标	土壤微生物	细菌	万个	每5年1次
		真菌		
		放线菌		

(续)

指标类别	指标内容	观测指标	单位	观测频度
森林土壤专项观测指标	土壤酶	蔗糖酶	毫克葡萄糖/（克·天）	每5年1次
		脲酶	毫克氨氮/（克·天）	
		中性磷酸酶	毫克酚/（克·天）	
		过氧化氢酶	0.1摩尔高锰酸钾/（克·天）	
	土壤重金属	汞（Hg）	毫克/千克	每5年1次
		镉（Cd）		
		铅（Pb）		
		铬（Cr）		
		砷（As）		
		锌（Zn）		
		铜（Cu）		
		镍（Ni）		
森林水文指标	水文指标	穿透水	毫米	连续观测
		树干流		每次降水时观测
		液流量		连续观测
		蒸散量		
	水质	pH值	毫克/立方米或微克/立方米	每年1次
		Ca^{2+}、Mg^{2+}、K^+、Na^+、CO_3^{2-}、HCO_3^-、Cl^-、SO_4^{2-}、总P、NO_3^-、总N		
		微量元素（硼、锰、钼、锌、铁、铜），重金属元素（镉、铂、镍、铬、硒、砷、钛）		有本底值后，每5年1次，特殊情况需增加观测频度
	地下水	水质（离子含量）		每年1次
		微量元素（硼、锰、钼、锌、铁、铜），重金属元素（镉、铂、镍、铬、硒、砷、钛）		有本底值后，每5年1次，特殊情况需增加观测频度

注：水质样品应从大气降水、穿透水、树干流、土壤渗透水、地表径流和地下水获取。

六、生物多样性观测指标

云南省森林生态站、草原生态站和湿地生态站均要对生物多样性进行监测，按照《自然保护区与国家公园生物多样性监测技术规程》（DB 53/T 391—2012）和《自然保护区建设项目生物多样性影响评价技术规范》（LY/T 2242—2014）等技术规范的要求，开展植被覆盖及土地覆被观测指标、植被观测指标、野生植物观测指标（包含兽类、鸟类、两栖类、爬行类和鱼类）、野生动物观测指标、环境要素观测指标（气象、水文和土壤））和外来入侵植物观测指标的监测，具体监测指标见表4-11。

表4-11 云南生物多样性观测指标

指标类别		指标内容	观测指标	单位	观测频度
植被覆盖及土地覆被类型		植被覆盖	植被亚型或群系组的类型	种	5年1次
			各植被亚型或群系组的分布状况和面积	公顷	
		土地覆被	土地覆被类型	—	
			各类型的分布状况和面积	公顷	
植被监测	群落结构	乔木层	树种及个体数量	种、株	
			郁闭度	%	
			密度	株/公顷	
			平均树高	米	
			平均胸径	厘米	
			基盖度	%	
		灌木层	种类	种	
			株数或灌丛数	株/公顷或丛/公顷	
			高度	株（丛）、米	
			盖度	%	
		层间植物	种类	株（丛）、种	
			株数或株丛数	株/公顷或丛/公顷	
			攀缘、缠绕、附生、腐生或寄生的对象名称	—	
			附生高度（顶叶高度）	米	
		草本层	种类	—	
			株丛数	株/平方米或丛/平方米	
			平均高	厘米	
			盖度	%	

（续）

指标类别	指标内容		观测指标	单位	观测频度
植被监测	林木生长量		胸径年生长量	厘米	
			高度年生长量	米	
	天然更新		种类	—	
			数量	株/公顷	
			高度	厘米	
	物种多样性	国家重点保护植物	种类、数量	株（丛）	
		省级保护植物	种类、数量	株（丛）	
		狭域特有植物	种类、数量	株（丛）	
		植物编目（更新）		—	
		多样性指数	Shannon-Wiener 指数	—	
野生植物监测	生境状况	环境	地形、地貌、坡向、坡位、坡度、海拔、土壤基质、光照条件、水分状况等	—	5年1次
		群落	乔木层每木调查	株	
			灌木层，按样方分植物种调查	株	
			层间附（寄）生植物，分植物种调查	株（丛）、米	
			草本层，按样方分植物种调查	株或丛	
	种群结构	种群数量	胸径、基径、高度、冠径（丛径）、枝下高、生活力等	株	
		种群年龄结构		—	
		种群密度		株/公顷	
		种群高度		米	
		种群盖度		%	
	种群动态	更新状况	幼苗和幼树的株数（分实生苗和萌生苗），平均高度、平均地径	株/公顷	
	物候观测	物候期	按分布海拔每增加100米选择3~5株进行物种观测，记录发芽期、展叶期、开花期、结果期、落叶期、休眠期状况。	株	根据物候期变化确定
	植物资源利用	社区资源利用	乔、灌、草植物名称、采集地点、采集数量、利用部位、用途、交易方式	株、千克	每月1次
		集市资源贸易			
	人为干扰状况	人为干扰	干扰方式和强度	—	1年1次

（续）

(续)

指标类别	指标内容		观测指标	单位	观测频度
野生动物监测	种类	物种名称、数量	指在监测样线上发现的动物物种种类和数量	种	兽类1年2次（3~5月和10~12月）；鸟类1年2次（繁殖期和越冬期）；两栖动物1年2~3次（4~10月）；爬行动物1年2次（4~10月）
	种群	实体遇见数 痕迹遇见数 分布格局	指单位长度监测样线上发现的动物实体数量	只/千米	
			指单位长度监测样线上发现的动物痕迹数量	个/千米	
			指动物实体、粪便、足迹和各种活动痕迹在监测样线上的空间分布情况	—	
	干扰状况	干扰类型 干扰遇见率 分布格局	指在监测样线中发现的干扰种类	—	
			指在监测样线上发现的干扰因子的频度	次/千米	
			各种干扰因子在监测样线上的空间分布情况	—	
环境要素监测	森林气象要素监测	天气现象	云量、风、雨、雪、雷电、沙尘	—	每日8:00时
		风速	平均风速	米/秒	根据需要设置
		风向	风向(E、S、W、N、SE、NE、SW、NW)	—	
		温度	最高气温、最低气温、平均气温	℃	连续观测
		湿度	相对湿度	%	根据需要设置
		土壤温度	地表、10厘米、20厘米、30厘米、40厘米处	℃	
		降水量	降水量	毫米	下雨天，根据需要设置
		蒸发量	日蒸发量		根据需要设置
		日照时数	—	小时	
		太阳辐射	总辐射量	瓦/平方米	
	森林植被水文要素监测	降雨	降雨时间	时、分	每次降雨后
			林内降水量	毫米	
			林外降水量		

（续）

指标类别		指标内容	观测指标	单位	观测频度
环境要素监测	森林植被水文要素监测	径流	树干径流量	毫米	每次降雨后（径流终止时）
			集水区径流量		连续观测
	森林植被土壤要素监测	物理性状	含水率、容重、毛管孔隙度、非毛管孔隙度	%、克/立方厘米	5年1次
		土壤养分	pH值、全氮、有效氮，全磷、有效磷、全钾、有效钾，有机质	克/千克	
外来入侵植物监测	生境特征	生境基本状况	地形地貌、坡向、坡位、坡度、海拔、土壤质地、光照条件、水分状况、干扰程度等	—	1年1次
	入侵物种	物种名称	科、属、种学名、中文名、俗名	—	
		分布地点	地理坐标、具体地名	—	
		入侵面积	入侵区域面积	平方米	
		生长状况	平均树高、平均胸径	米、厘米	
		密度	入侵植物为乔木或大灌木时	株/100平方米	
		盖度	入侵植物为草本时	%	
		入侵途径	自然、人为（有意引进、人类活动、交通运输、旅游）	—	
	对群落结构的影响	乔木层	树种及入侵物种组成、个体数量、平均树高、平均胸径、郁闭度和下层灌木、地被物情况	株、米、厘米、%	
		灌木层	灌木及入侵植物种类、数量、平均高、生长情况、郁闭度和地被物情况	株、米	
		草本层	草本及入侵植物种类、平均高、盖度、生长状况、分布情况等	株(丛)、%	
	扩散性	繁殖方式	有性、无性、扩增速度	平方米/年	
		扩散方式	风、鸟兽、水、人、其他	天、年	
		适宜性	适合外来物种生长和繁殖的土壤面积	公顷	
	防治措施		无、清除、药物防治、天敌		

第二节 林草资源生态连清体系研究内容

(一) 森林生态站研究内容

森林生态站的主要任务是开展森林生态系统长期定位观测研究、森林生态系统服务功能量化与评估、森林可持续经营研究等内容。具体研究内容见表 4-12。

表 4-12　云南省森林生态站研究内容

名称	研究内容
森林水文要素观测研究	研究水文过程和生态学过程的耦合机制和尺度效应，探索植被影响水量和水质的动态过程及发生发展规律，揭示植被调节水量、净化水质的机理与途径，主要包括对森林蒸散量、水量空间分配格局与森林水质等的研究
森林土壤要素观测研究	研究不同森林类型的土壤理化性质的动态变化及其化学计量特征，以及森林对土壤养分含量的影响；研究森林生态系统碳储量及年际动态变化，对典型森林生态系统土壤碳固持潜力进行精确、系统地评价，森林生态系统土壤各分室碳通量及贡献；研究森林土壤微生物群落及其多样性在森林生态系统养分循环中的作用
森林生物要素观测研究	研究森林生物多样性在时间和空间上的动态变化及其影响因子，并结合物种功能性状数据，分析与生态系统功能相关的植物功能性状在不同尺度下的变化规律，了解植物功能多样性与生态系统主要过程和功能的相关性及其主要影响因素和调控因子，识别影响特定生态系统功能的主要功能性状，掌握主要森林类型生物多样性空间分布和动态变化规律，基于植物内的学样性评价生态系统功能
森林气象要素观测研究	研究森林的小气候效应以及森林对温室气体排放的调节作用
森林生态系统的生态服务功能研究	研究并评估森林生态系统提供的支持服务、调节服务、文化服务和供给服务以及对人类福祉的影响

(二) 草原生态站研究内容

草原生态站研究内容主要包括：草原生态系统水、土、气、生长期监测，草原生态系统对全球变化响应及机理等方面的生态学基础研究及草地资源可持续利用，退化草原恢复和人工草地建植等方面应用研究，具体研究内容见表 4-13。

表 4-13　云南省草原生态站研究内容

名称	研究内容
草原应用基础研究	研究草原生态系统的物种组成和空间结构、功能过程以及生物多样性；研究不同尺度和水平上的草原生态系统的物质循环和能量流动
草原应用研究	研究提高草原生态系统生产力的途径，包括进行草原放牧制度、割草制度、人工草地建立与利用、牧草引种、鼠害防治、综合试验示范区建立等方面的研究

(三) 湿地生态站研究内容

湿地生态站的研究内容包括湿地生态系统生态功能的研究和服务功能的研究，具体内容见表 4-14。

表 4-14　云南省湿地生态站研究内容

名称	研究内容
湿地生态功能研究	研究湿地生态系统动态的水文过程、生物过程、气候过程及其生态功能，监控典型湿地区的湿地景观面积变化、湿地景观类型转化，以及人为驱动对湿地景观、多样性和生态功能的影响，探索保护湿地的有效措施，消除湿地所面临的威胁，减缓湿地的退化
湿地服务功能研究	根据长期观测和历史调查数据，湿地生态系统的形成、发育及演替规律，研究并评估湿地给人类福祉提供的支持服务、调节服务、文化服务和供给服务

(四) 荒漠化生态站研究内容

根据云南省石漠化地区和干热河谷地区的特点，石漠化和干热河谷生态站主要对生态系统形成机理及植被恢复机制进行研究，具体研究内容见表 4-15。

表 4-15　云南省石漠化和干热河谷生态站研究内容

名称	研究内容
石漠化机理研究	研究多尺度、多梯度、多功能、宽序列的石漠化生态系统植被物种组成、群落特征以及形成机理，探明造成石漠化的主要成因，以解决岩溶槽谷石漠化区现存的一系列科学与技术问题，为区域社会、经济、生态环境的可持续发展提供科学依据与决策服务
植被恢复机制研究	研究土地利用变化对生物地球化学循环的响应，针对重度石漠化区和强度水土流失区所面临的最突出的生态问题，开展提高生态系统营养物质积累、土壤肥力等的植被恢复技术研究，提出适用于区域自然资源和生态系统的、评估和生态补偿的理论体系

(五) 城市生态站研究内容

城市生态站以城市空间范围内生命系统和环境系统之间的联系为研究对象，主要研究内容见表 4-16。

表 4-16　云南城市生态站研究内容

名称	研究内容
城市空气质量研究	开展森林植被调控城市大气中颗粒物污染的效能、植物源污染物的产生和预防机制研究，开展森林、湿地调节环境舒适度等方面的研究，探索城市绿地的规划理论，开发城市环境植被调控技术
城市康养宜居环境研究	结合对不同经济发展区、不同规模的城市生态系统服务功能的长期观测，研究不同规模城市多种生态系统构建与健康经营技术;研究极端环境条件下的自然资源合理利用方式，优化土地利用结构与利用方式，探索宜居环境安全保障技术;研究宜居环境质量综合评价及优化技术，建立相应的评价标准和指标体系

第三节　林草资源生态连清体系监测网络建设

一、组织体系

生态站网组织体系主要由生态站组成的观测体系和依托部门的管理体系共同组成（图4-1）。

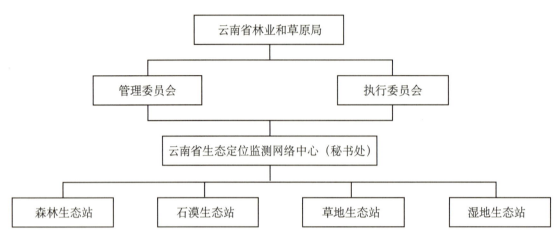

图4-1　云南省林草资源监测网络组织管理体系

云南省林业和草原局设立云南省生态系统定位观测研究管理委员会（以下简称管理委员会）和云南省生态系统定位观测研究执行委员会（以下简称执行委员会），共同组成云南省生态定位监测网络中心，下设云南省生态定位监测网络中心秘书处，作为日常办事机构。

管理委员会设在云南省林业和草原局科技处，主要任务是制定生态站网的发展规划和各项管理规定，研究生态站建设、管理方面的重大问题，确定生态站网的重大工作计划。

执行委员会由中国科学院西双版纳热带植物园、中国科学院昆明植物所、西南林业大学、中国林业科学研究院资源昆虫研究所、云南省林业和草原科学院等单位组成，主要任务是对生态站网的发展规划、研究方向、观测任务和目标进行咨询论证，评议生态站网的科研进展，开展相关咨询，组织讨论重大科学问题，组织科研、科普重大活动、学术交流和科技合作。

云南省生态定位监测网络中心秘书处依托云南省林业和草原科学院的技术力量和人员进行组建，在云南省林业和草原局科技处的领导和指导下开展工作，主要职责包括：①负责生态监测网络建设、运行管理及专家咨询，指导野外生态站点建设，制定和规范生态监测技术规程及相关指标体系，提供全省生态监测的技术指导和业务培训；②汇总全省生态监测站点数据，对监测站工作情况和数据质量进行评估；③负责生态监测数据库和管理信息系统建设，对数据和资源共享进行组织协调；④分析全省监测数据，编制年报、重大工程评估报告、全省生态系统服务功能评估等专项报告。

二、建设内容

（一）建设目标

构建布局科学、功能完备、运行高效的林草资源生态连清体系监测网络，为准确评价森林、湿地、城市、荒漠及草原生态工程建设成效，保障"一带一路"生态安全，建设"七彩云南"等提供基础数据和技术支撑。构建云南林草资源生态连清体系监测网络森林生态站（重点站与基本站）达到31个；构建多类型湿地生态监测网络，湿地生态站达到12个；构建昆明城市群生态监测网络，城市生态站（城市重点站与基本站）达到4个；石漠化和干热河谷生态站为7个；构建草原生态站10个。建立高效的林草资源生态连清体系监测网络管理运行机制，打造一个具有国际影响力的科学研究平台。

（二）野外台站建设

云南省森林生态系统定位研究野外台站根据生态站基础设施、仪器设备的实际情况和生态建设科技需求，逐步形成以基本站为基础，以重点站为核心，以监测站为辅助的生态站网体系。

监测站具备常规的观测仪器设备及基础设施，能够独立完成某一类生态指标的观测，在观测指标和质量方面基本达到观测指标体系及观测标准等的规范要求，能够完成生态站各项观测任务。

基本站符合生态站建设技术要求，具备常规的观测仪器设备及基础设施，在观测指标和质量方面达到观测指标体系及观测标准等的规范要求，具有稳定的科研队伍，能够完成生态站网各项管理考核指标，满足跨站联合研究项目基本要求的生态站。

重点站符合生态站建设技术要求及相关观测标准规范，区域典型性、代表性和地域特色明显，具有一定的示范和带动作用，具备国内较为先进的仪器设备和省内一流的人才队伍，能够紧跟生态研究前沿，吸引国内外高水平科研人员在此平台上从事研究工作的生态站。重点站对于研究和回答生态建设的重大科学问题，推动生态建设具有重要作用。重点站发展良好规范，达到国家站水平，可向国家网络推荐入网，现有国家级站点一般直接列入重点站。

围绕云南林业发展对科技进步的迫切需求，以全面提高生态站网能力为原则，本着建设不同类型及层次生态站升级改造以满足常规观测与专项研究的需要，建立运行高效的管理机制和完善的管理体系，开展从热带雨林—干热河谷—常绿阔叶林—高山亚高山森林生态系统动态的观测，构建集经济效益、社会效益与生态效益于一体的复合农林（牧）生态系统，实现经济建设与生态保护协调发展的规范化、标准化的生态站网络体系。

表 4-17 监测站、基本站与重点站主要建设内容

主要建设内容	观测点	基本站	重点站
野外综合实验楼		建设综合观测楼，建筑面积可达200平方米	改扩建综合观测楼，建筑面积可达600平方米
			补充分析实验室仪器设备
水文观测设施	提供部分观测经费补助	更新水量平衡场观测设施	①更新水量平衡场观测设施 ②更新测流堰观测仪器
土壤观测设施	提供部分观测经费补助	土壤养分观测样地或土壤水分观测样地	①土壤养分观测样地 ②土壤水分观测样地
气象观测设施	提供部分观测经费补助	提供部分观测经费补助	①更新地面标准气象站与国家气象局联网 ②增加大气成分观测系统
生物观测设施	提供部分观测经费补助	现有观测样地维护	①现有观测样地维护 ②生物多样性观测样地 ③更新主要观测仪器
数据管理配套设施	提供部分管理经费补助	提供部分管理经费补助	①便携数据采集设备 ②宽带传输数据系统
基础配套设施		基本道路	①基本道路 ②基本管线建设 ③野外观测用交通工具等
其他			其他根据各站特点和所在区域特征进行的必需的升级改造

1. 森林生态站建设

森林生态站根据国家标准《森林生态系统定位观测指标体系》(GB/T 35377—2017)、国家林业行业标准《森林生态系统长期定位观测研究站建设规范》(GB/T 40053—2021)、"中国生态系统研究网络（CERN）长期观测规范"丛书、《森林生态系统服务功能评估规范》(GB/T 38582—2020)、《森林生态站数字化建设技术规范》(LY/T 1873—2010)、《森林生态系统定位研究站数据管理规范》(LY/T 1872—2010) 的规定进行建设，具体要求参照表 4-18。

表 4-18 森林生态站建设基本要求

主要建设项目	主要建设内容
野外综合实验楼	基地拥有框架或砖混结构综合实验楼，建筑面积200~600平方米，设数据分析室、资料室、化学分析实验室、研究人员宿舍等
森林水文观测设施	森林集水区：建设面积为至少10000平方米的自然闭合小区
	水量平衡场：选择至少1个有代表性的封闭小区，与周围没有水平的水分交换

（续）

主要建设项目	主要建设内容
森林水文观测设施	对比集水区或水量平衡场：建设林地和无林地至少2个相似的场，其自然地质地貌、植被与试验区类似，其距离相隔不远
	集水区及径流场测流堰建筑：三角形、矩形、梯形和巴歇尔测流堰必须由水利科学研究部门设计、施工而成；对枯水流量极小、丰水流量极大径流的测流堰，可设置多级测流堰或镶嵌组合堰
	水土资源的保持观测设施：设置林地观测样地（300米×900米），在样地内分成（30米×30米）样方
	针对每个优势树种林分类型，配置至少2个坡面径流场、1个集水区测流堰、1个水量平衡场
森林土壤观测设施	选择具有代表性和典型性地段设置土壤剖面，坡面分别在坡脊、坡中、坡底设置
森林气象观测设施	地面标准气象站：观测场规格为25米×25米或16米（东西向）×20米（南北向）（高山、海岛不受此限制），场地应平整，有均匀草层（草高<20厘米）
	森林小气候观测设施：观测场面积16米×20米，设置自动化系统装置。
	观测塔：类型为开敞式，高度为林分冠层高度的1.5~2倍，观测塔应安装有避雷设施
森林生物观测设施	森林群落观测布设：标准样地、固定样地、样方的建立
	森林生产力观测设施设置：径阶等比标准木法实验设施设置、森林草本层生物量测定设施设置、森林灌木层生物量测定设施设置
	生物多样性研究设施设置：森林昆虫种类的调查试验设置、兽类种类和数量的调查试验设置、两栖类动物种类和数量的调查试验设置、鸟类物种和数量调查设置、植物种类和数量的调查试验设置
数据管理配套设施	数据管理软硬件设施设置：配备数据采集、传输、接收、贮存、分析处理以及数据共享所需的软硬件；如电脑、服务器、打印机、刻录机等；可视化森林生态软件包（Systat）等数据库处理软件；网络相关设施等
基础配套设施	为生态站必需的短距离道路、管线建设、野外观测用交通工具等

2. 草原生态站建设

根据草地生态野外观测站研究特点，结合现有生态站功能定位和长期观测研究任务，加强标准化观测样地、观测设备等基础条件建设；推进物联网系统建设，提升野外站自动监测、实时传输等信息化水平，提升野外站专项联网观测能力和理化实验分析能力，为解决草业科学问题和国家需求提供数据支撑。根据《陆地生态系统定位观测研究站工程项目建设标准》（修订中），草地生态站观测设施、设备主要建设内容如下（表4-19）。

表 4-19　草地生态站主要建设内容

主要建设项目	主要建设内容
野外综合实验楼	基地拥有框架或砖混结构综合实验室，建筑面积800~1200平方米，划分为功能用房和辅助用房，功能用房包括办公室、实验室、会议室、档案室、仪器标本室、展览室、机房等；辅助用房包括宿舍、厨房餐厅等
水文观测设施	地表径流、地下水位：通过水文观测井安装自动水位计观测。参照中华人民共和国水利行业标准《水文基础设施建设及技术装备标准》（SL 276—2002）
土壤观测设施	选择具有代表性和典型性地段设置土壤剖面，开展0~100厘米土壤温度、湿度水分自动观测系统
气候观测设施	观测大小一般为25米×25米，尽可能选址代表本站点较大范围气象要素特点的位置，避免局部和周围小环境的干扰。观测场四周一般设置1.2米高的稀疏围栏，场地平整，防雷措施必须符合气象行业规定的技术标准要求。参考中华人民共和国气象行业标准《地面气象观测规范 第一部分：总则》（QX/T 45—2007）
生物观测设施	草地群落观测布设：标准样地、固定样地、样方的建立。固定标准样地不小于10公顷，样方面积为1米×1米，高寒草甸为0.5米×0.5米，灌草丛4~16平方米。草地长期固定标准地建设以常规固定标准地为主，地形条件允许的地方可以考虑大样地。参考《陆地生态系统定位观测研究站工程项目建设标准》
	草地生产力观测设施设置：草地地上生物量观测设施、草地地下生物量观测设施，草地采食量观测设施装置，草地地上最大生产力观测实施
	生物多样性研究设施设置：大型土壤动物的调查试验设置、线虫种类和数量的调查试验设置、草地昆虫类动物种类和数量的调查试验设置、植物种类和数量的调查试验设置
物候观测设施	物候观测场的建设以各站区草地物种种类及分布为建设数量依据，建设地点应选在环境条件（如地形、土壤、植被等）具有区域代表性的场所，没有特殊原因不应随意更换物候观测地点及固定的观测对象
数据管理配套设施	数据管理软硬件设施：数据远程采集、传输、接收设备及数据贮存、分析处理及数据共享软硬件；数据库处理软件；网络相关设备等
基础配套设施	为生态站必需的短距离道路、管线建设、野外观测用交通工具等
仪器设备	包括水文要素观测、土壤要素观测、气象要素观测、生物要素观测、环境空气质量观测、数据存储与管理、实验室仪器、无人机等设备的购置

3. 湿地生态站建设

湿地生态站根据国家林业行业标准《湿地生态系统定位观测研究站建设技术规程》（LY/T 2900—2017）《湿地生态系统定位观测指标体系》（LY/T 2090—2013）《湿地生态系统定位观测技术规范》（LY/T 2898—2017）和《湿地生态系统服务评估规范》（LY/T 2899—2017）等的规定，重点湿地生态站建设基本要求见表4-20。

表 4-20　湿地生态站主要建设基本要求

主要建设项目	主要建设内容
野外综合实验楼	基地拥有框架或砖混结构综合实验楼，建筑面积200～600平方米，设数据分析室、资料室、分析实验室、研究人员宿舍等
湿地水文观测设施	湿地水文动力要素测定设施：地表水位、流速、地下水位观测点的建设
	湿地水量平衡场建设：选择1个有代表性的与周围没有水平的水分交换的封闭小区。在湿地水量平衡场中布置若干观测井（非压力），安装水位计，了解水位过程曲线。在湿地水量平衡场出水口处，布设过水断面，安装三角堰和水位计
	集水区及径流场测流堰建设：根据需求，建立三角形、矩形、梯形等合适的测流堰
湿地土壤观测设施	湿地土壤剖面观测设施建设
湿地气象观测设施	湿地气象观测场地建设：观测场的大小一般为25米×25米；场地应该保持平整，保持有均匀草层，草高不能超过20厘米；场内铺设0.3～0.5米宽的小路
	综合观测塔建设
湿地生物观测设施	湿地群落标准样地、固定样地、样方等设施建设
数据管理配套设施	野外数据采集设施：用于野外数据采集的移动电脑、数据线、移动存储、GSM卡等。野外3S集成系统、野外数据采集平台等野外作业设备
	数据管理软硬件设置：配备数据采集、传输、接收、贮存、分析处理以及数据共享所需的软硬件：如电脑、服务器、打印机、刻录机等；遥感及地理信息系统等软件系统；网络相关设施等
基础配套设施	为生态站必需的短距离道路、管线建设、野外观测用交通工具等

4. 荒漠化生态站建设

根据国家林业行业标准《荒漠生态系统研究站建设规范》（LY/T 1753—2008）、《荒漠生态系统定位观测指标体系》（LY/T 1698—2007）和《荒漠生态系统定位观测技术规范》（LY/T 1752—2008）的规定，荒漠化生态站主要建设基本要求见表4-21。

表 4-21　石漠化及干热河谷生态站主要建设基本要求

主要建设项目	主要建设内容
野外综合实验楼	框架或砖混结构综合实验房屋，建筑面积应不小于300平方米，包括常规理化分析室、数据分析室、资料室及宿舍等
石漠化及干热河谷水文观测设施	设立至少1处简易或称量式荒漠植物水分平衡场
石漠化及干热河谷土壤观测设施	选择具有代表性和典型性地段设置土壤剖面；沙丘或高地应分别在上、中、下坡位分别设置

(续)

主要建设项目	主要建设内容
石漠化及干热河谷气象观测设施	地面标准气象站：观测场规格为25米×25米，场地应开阔平整、地表覆盖均匀
	小气候观测设施：观测场面积16米×20米，设置自动化观测装置
	沙尘观测及梯度观测设施：在有条件的站点，应建立观测塔或荒漠—绿洲梯度观测设置；观测塔高度以30~50米为宜，塔身应分层安装积沙仪和风向风速仪，并配有避雷装置
石漠化及干热河谷生物观测设施	植物群落观测样地：标准样地、固定样地、临时样方的建立
	生产力观测样地：草本层生物量测定设施设置、灌木层生物量测定设施设置、乔木层生物量测定设施设置
	生物多样性研究样地：植物种类和数量的调查设置，昆虫调查试验设置、兽类种类和数量调查设置、鸟类物种和数量调查设置、两栖类动物种类和数量调查设置
数据管理配套设施	数据管理软硬件设施设置：数据远程采集、传输、接收设备及数据贮存、分析处理及数据共享软硬件：如发射器、电脑、服务器、打印机、刻录机等；数据库处理软件；网络相关设备等
基础配套设施	为生态站必需的短距离道路、管线建设、野外观测用交通工具等

5. 城市生态站建设

城市生态站建设基本要求见表4-22。

表4-22 城市生态站主要建设基本要求

主要建设项目	主要建设内容
水文水质观测设施	设置不同类型城市森林观测样地，拥有完备的水土资源保持的观测设施，定点观测设备为主，满足水质、水量等指标的连续在线观测
土壤污染及健康状况观测设施	选择具有代表性和典型性地段设置土壤观测样地。配备土壤污染物、土壤理化性质等观测设备
森林净化空气和改善小气候观测设施	地面标准气象站：观测场规格为25米×25米或16米（东西向）×20米（南北向），场地应平整，有均匀草层（草高<20厘米）
	小气候观测设施：观测场规格为16米×20米，设置自动化装置
	观测塔：类型为开敞式，高度为林分冠层高度的1.5~2倍，观测塔应安装有避雷设施
森林净化空气和改善小气候观测设施	森林与湿地环境空气质量监测系统：主要包括SO_2、NO_x、O_3、CO、TSP、PM_{10}、$PM_{2.5}$和负离子观测设备
森林群落景观与生物多样性观测设施	森林群落观测布设：标准样地、固定样地、样方的建立，常规固定标准地面积不宜低于20米×20米
	森林与湿地景观观测设施：不同尺度森林与湿地景观观测设施，包括色彩、物候等景观要素的变化
	生物多样性研究设施设置：鸟类调查、昆虫种类的调查试验设置、小型兽类种类和数量的调查试验设置、两栖类动物种类和数量的调查试验设置、植物种类和数量的调查试验设置

(续)

主要建设项目	主要建设内容
数据管理配套设施	数据管理软硬件设施设置：配备数据采集、传输、接收、贮存、分析处理以及数据共享所需的软硬件；可视化森林生态软件包等数据库处理软件；网络相关设施等
基础配套设施	为生态站必需网络、管线建设、野外观测用交通工具等

第四节　林草资源生态连清监测网络管理体系建设

一、生态站网管理体系建设

云南生态站网络数据管理工作由省生态定位监测网络中心负责。建设含网络中心用房改造，生态监测设备购置与生态监测网络设施建设，并为科技人员提供良好的办公、会议、机房、资料及室内测试分析场所。

（一）网络中心用房改造

云南省生态监测网络中心用房包括办公用房、生态大数据平台机房、生态大数据平台展示室和数据库设备管理用房等。

（二）生态监测设备

根据云南省生态监测网络监测工作需要，配置必要生态监测仪器设备、数据分析、软件、办公用品等。

（三）基于"互联网＋生态站"的监测网络设施建设

"互联网＋生态站"就是将物联网技术、数据融合和存储技术、大数据分析技术等信息技术与生态站建设相结合，实现生态站监测数据采集和存储的智能化、实时化，数据分析和预测结果的可视化，数据共享的便利化。生态监测网络以数据实时传输与统一管理为核心，通过生态监测网络中心硬件改造、生态大数据系统开发、网络仪器设备数据传输系统升级改造，实现基于"互联网＋生态站"监测网络的信息化管理（表4-23）。

（1）硬件设施。网络中心数据接收系统、数据存储系统等硬件设施和配套设备。增强物联网与大数据基础硬件设施建设。

（2）数据传输系统。对生态监测站点原有或新建仪器设备进行数据传输设备进行升级改造，监测数据通过无线网络直接传输至生态监测网络管理中心，充分发挥物联网和大数据技术的先进行，实现数据自动化实时传输和统一存储。

（3）系统平台。生态监测大数据系统平台建设包括以下内容：数据库专用服务器建设（硬件设施）、数据库开发平台安装、数据库应用软件研制、基础数据库建立、历史数据录入、实时数据自动入库链接、数据展示平台研制和分析研究应用软件研制。前端平台功能主要包括监测站点信息、实时数据显示、数据分析与提取、报表管理、数据管理和系统管理等方面。

表 4-23　云南省生态监测网络中心设备规划

序号	设备名称		备注
1	野外生态监测仪器设备	1套	植被或土地遥感监测系统(含固定翼遥感无人机、多旋翼遥感无人机、多光谱/高光谱成像仪、激光成像仪、数据处理软件等)；动植物野外调查（红外望远镜、摄像机）；水文（智能无人监测船）、土壤、大气环境野外调查（移动式大气监测车）等设备
2	分析化验仪器设备	1套	动植物、土壤、水分和大气环境分析化验等设备
3	实验室通用设备	1项	卫星基站、网络、通讯改造等通用设备
4	数据库建设	1项	基础地理信息数据库、各站点资源与环境数据库等
5	信息管理系统开发	1项	生态监测大数据系统平台开发，涵盖云南网络监测站点信息管理（概况类、行政类、实物类和生态指标类）等
6	传输系统	1套	所有站点仪器设备传输系统升级改造
7	信息系统设备	1套	工作站、服务器、遥感影像及软件等

二、建立高效运行模式

（一）建立合作机制

生态监测涉及的学科多、专业性强。在监测工作开展中，要充分发挥专家委员会的作用，建立健全专家咨询机制。组织生态学及相关领域专家，对生态站网的发展规划、研究方向、观测任务和目标进行咨询论证，负责生态监测数据的审核，评议生态站网的科研进展，开展相关咨询，组织讨论重大科学问题，组织科研、科普重大活动、学术交流和科技合作。

（二）产学研相结合

生态监测网络不仅是科学研究观测的基地，同时也是理论与实践结合、科研与生产结合、成果孵化与转化相结合的综合性多功能平台，管理和运行中既要考虑科学研究样本的典型性和代表性，同时也要考虑为博士和硕士的研究工作创建良好的生活和工作条件，为地方生产实践创造典型湿地生态系统经营模式的展示条件，为科研成果的推广转化提供良好的科技环境。基于生态网络综合功能，在以后的运行中建立起科研、教学、生产的协调机制，以保证生态定位站各项功能正常发挥。

（三）健全数据管理制度

1. 数据采集

按照《森林生态系统定位研究站数据管理规范》(LY/T 1872—2010)，从数据采集、传输、加工、存储、输出和共享等流程提高科技含量和管理水平。同时，在数据建立、修改和更新的过程中做好源数据的管理，明确数据的拥有权、修改权和更新权，做好数据的用户分类管理、多重备份、异地存储、保密和防护等工作。

生态监测站监测指标涉及水、土、气、生等多种要素，观测方式结合仪器连续监测和人工定期监测，依照第四章第一节生态定位站长期监测指标体系及相关标准进行监测。监测站点技术人员需定期对仪器进行数据备份工作，保证数据的精准性、连续性和安全性。

2. 数据上传与储存

采取年度上报方式，由省生态定位监测网络中心统一制定报表格式，各级生态站点进行填写并在规定时间内完成数据上报。

3. 数据输出与共享

重点研发生态监测大数据平台系统，由省生态定位监测网络中心进行开发、管理和维护。该系统将整合所有监测站点信息和监测数据、实现信息化管理的重要平台，实现数据实时传输与展示、数据基本分析、数据上报和上传等功能。省生态监测网络管理中心对上传数据进行年度统计分析，并按要求编制全省年度生态监测与生态系统服务功能评估报告等。各级监测站点可获分配对应账号和权限，在系统平台中进行数据浏览、数据分析和报表上报、数据共享申请等操作。

4. 上报指标

云南省林草资源生态连清体系监测网络年度上报指标清单由生态定位网络中心根据《森林生态系统长期定位观测指标体系》(GB/T 35377—2017)、《湿地生态系统定位观测指标体系》(LY/T 1707—2007)、《重要湿地监测指标体系》(GB/T 27648—2011)、《西南岩溶石漠生态系统定位观测指标体系》(LY/T 2191—2013)、《荒漠生态系统定位观测指标体系》(LY/T 2090—2013)、《荒漠生态系统定位观测技术规范》(LY/T 1752—2008)等标准规范进行初拟，经各生态站成员讨论，针对不同站点建设条件、仪器设备和区位特点进行细化，制定各站点上报指标列表，并上报云南省生态监测网络中心。各站点根据各自指标列表开展监测工作，按时上报相关数据，需调整指标列表的站点，由站点负责人向省生态监测网络中心提出申请，并经由省林业和草原局科技处、执行委员会年度会议审议，申请通过后次年根据新列表进行数据监测与上报工作。

（四）建立协同创新平台

1. 整合生态站资源，设立生态攻关重大专项，开展联合创新

生态系统联网监测重要目的之一，就是要打破省内各研究机构之间、各学科之间缺乏沟通交流机制的状态，有机整合国家级、省级、地级科学研究机构生态监测平台，加强机构之间的合作，开展联合共建，是组织模式的重大突破。在此基础上，设立云南生态建设急需解决的重大科学问题和关键技术专项攻关项目，开展协同创新，将极大地提升创新效率和创新效果。

2. 集中各站的优势，定期出专项报告，为政府决策服务

新时期，在林草生态建设进入数量增速换挡、质量亟待提高的转型升级关键时期，科技创新评估制度驱动下的生态工程建设，是云南省成为全国生态文明建设排头兵的科技保障。以云南省生态监测网络为基础，定期编制生态环境专项评估报告、自然保护区生态功能报告、重大生态工程效益监测报告。

3. 为公众提供更多的生态服务

生态文明建设是以人为本理念的落实，最终的体现是公众生活水平的提升，共享社会成果。加强科研供给侧改革是林业生态发展的新要求，林业科研要主动适应把握引领。运用生态监测大数据平台，向公众提供生态旅游、森林康养等信息，提供生态建设技术推广培训、生态知识科普、生态建设成就宣传服务。同时，基于科学观测和分析的生态状况信息，可以引导各类资本生态产业投融资方向，解决生态文明发展的融资渠道单一、多元化程度低、生态产业投资方信息来源可信度低的难题，引导构建生态产业投融资体系，促进社会就业，促进云南省重点生态建设区的脱贫步伐。

三、标准体系建设

标准体系建设是实现云南林草资源生态连清体系监测网络实现规范化、标准化建设监测，实现联网观测、比较研究和数据共享的前提，是保障生态监测网络规范有序运行的必要条件。加强林业生态环境监测网标准体系建设，统一制定监测站点建设和观测数据共享过程所必需的标准和技术规范，是林草资源生态连清体系监测网络建设的重要任务之一。在遵循现有的国家、行业标准的基础上，拟制（修）定一批地方标准和规范，形成全省通用性技术标准，以保证监测质量，实现数据互联共享。

（一）云南省林草资源生态连清体系监测评估国家标准和行业标准

云南省林草资源生态连清体系监测评估依据以下的国家标准及林业行业标准规范开展。

(1)《森林生态系统长期定位观测方法》（GB/T 33027—2016）；

(2)《重要湿地监测指标体系》（GB/T27648—2011）；

(3)《森林生态系统定位观测指标体系》（GB/T 35377—2017）；

(4)《森林生态系统服务功能评估规范》（GB/T 38582—2020）；

(5)《森林生态系统生物多样性监测与评估规范》（LY/T 2241—2014）；

(6)《湿地生态系统定位观测指标体系》（LY/T 2090—2013）；

(7)《湿地生态系统服务评估规范》（LY/T 2899—2017）；

(8)《荒漠生态系统定位观测技术规范》（LY/T 1752—2008）；

(9)《荒漠生态系统服务评估规范》（LY/T 2006—2012）；

(10)《亚湿润干旱区沙地生态系统定位观测指标体系》（LY/T 2254—2014）；

(11)《沿江（河）、滨海（湖）沙地生态系统定位观测指标体系》(LY/T2508—2015)。

（二）云南省林草资源生态连清体系拟制定的标准及规则

根据云南省生态地理特征及其林业生态建设的要求，拟制（修）定一批云南省地方标准和规范，形成云南省通用性技术标准，以保证监测质量，实现数据互联共享。

拟重点制定以下系列标准：

(1) 云南省草地生态系统定位观测指标体系；

(2) 云南省经济林生态系统定位观测指标体系；

(3) 云南省省级定位研究站建设技术要求；

(4) 云南省城市森林生态系统定位观测指标体系；

(6) 云南省生态监测站点管理规定；

(7) 云南省生态监测数据管理规范；

(8) 云南省草原生态服务功能评估规范。

四、人才队伍建设

人才队伍是林草事业科技创新的重要源头和重要组成部分，是云南省林草资源生态连清体系监测网络稳定、高效、科学运行和管理的基础。生态监测网络是自然生态环境研究的人才培养基地、学术交流基地和科普教育基地，在人才培养、弘扬科学精神、推动国内外合作等方面发挥重要作用。根据全省生态监测的重点及其发展需求，加强生态监测专业人才的培养、引进和培训等工作，稳定人才，逐步形成一定数量、质量、学科门类齐全、年龄结构与学历结构及知识结构合理的人才队伍。

依托林草资源生态连清体系监测网络平台申报各种研究基金，定期开展生态科学研究，培养科研人员。以生态站网为平台，培养和造就出一批与地方需求相适应，能够引导学科潮流的一流拔尖型人才。培养、吸引和稳定一定数量的基层技术骨干、在本领域具有较大影响和发展潜力的科技人才、国内外具有重要影响的学术带头人。实行开放式管理，设立一定的流动和客座席位，吸引国内外相关单位和高级专业人才进行合作研究。面对公众开放生态监测网络系统，提供科普和教育机会，增强公众及中小学生对保护生态环境重要性的认识。

参考文献

蔡炳华，王兵，杨国亭，等，2014. 黑龙江省森林与湿地生态系统服务功能评估 [M]. 哈尔滨：东北林业大学出版社.

丁访军，2011. 森林生态系统定位研究标准体系构建 [D]. 北京：中国林业科学研究院.

杜子芳，伍业锋，2005. 正态总体方差的一种间接预估方法 [J]. 统计教育 (5)：21-25.

甘先华，黄钰辉，陶玉柱，等，2020. 广东省林业生态连清体系网络布局与监测实践 [M]. 北京：中国林业出版社.

郭慧，2014. 森林生态系统长期定位观测台站布局体系研究 [D]. 北京：中国林业科学研究院.

郭慧，王兵，牛香，2015. 基于GIS的湖北省森林生态系统定位观测研究网络规划 [J]. 生态学报，35(20)：6829-6837.

国家发展改革委，自然资源部，2020. 全国重要生态系统保护和修复重大工程总体规划（2021—2035）[EB/0L]. https://www.ndrc.gov.cn/xxgk/zcfb/tz/202006/t20200611_1231112.html.

国家林业局，2005. 森林生态系统定位研究站建设技术要求 (LY/T 1626—2005)[S]. 北京：中国标准出版社.

国家林业局，2007. 湿地生态系统定位观测指标体系 (LY/T 1707—2007)[S]. 北京：中国标准出版社.

国家林业局，2008. 荒漠生态系统定位观测技术规范 (LY/T 1752—2008)[S]. 北京：中国标准出版社.

国家林业局，2008. 荒漠生态系统研究站建设规范 (LY/T 1753—2008)[S]. 北京：中国标准出版社.

国家林业局，2010. 森林生态系统定位研究站数据管理规范 (LY/T 1872—2010)[S]. 北京：中国标准出版社.

国家林业局，2010. 森林生态站数字化建设技术规范 (LY/T 1873—2010)[S]. 北京：中国标准出版社.

国家林业局，2011. 重要湿地监测指标体系 (GB/T 27648—2011)[S]. 北京：中国标准出版社.

国家林业局，2012. 荒漠生态系统服务评估规范 (LY/T 2006—2012)[S]. 北京：中国标准出版社.

国家林业局，2013. 极端干旱区荒漠生态系统定位观测指标体系 (LY/T 2091—2013)[S]. 北京：

中国标准出版社.

国家林业局, 2013. 湿地生态系统定位观测指标体系 (LY/T 2090—2013)[S]. 北京：中国标准出版社.

国家林业局, 2013. 森林生态系统定位观测指标体系 (LY/T 1606—2003)[S]. 北京：中国标准出版社.

国家林业局, 2014. 森林生态系统生物多样性监测与评估规范 (LY/T 2241—2014)[S]. 北京：中国标准出版社.

国家林业局, 2014. 亚湿润干旱区沙地生态系统定位观测指标体系 (LY/T 2254—2014)[S]. 北京：中国标准出版社.

国家林业局, 2014. 自然保护区建设项目生物多样性影响评价技术规范 (LY/T 2242—2014)[S]. 北京：中国标准出版社.

国家林业局, 2015. 沿江（河）、滨海（湖）沙地生态系统定位观测指标体系 (LY/T 2508—2015)[S]. 北京：中国标准出版社.

国家林业局, 2016. 森林生态系统长期定位观测方法 (GB/T 33027—2016)[S]. 北京：中国标准出版社.

国家林业局, 2017. 森林生态系统定位观测指标体系 (GB/T 35377—2017)[S]. 北京：中国标准出版社.

国家林业局, 2017. 湿地生态系统定位观测研究站建设规程 (LY/T 2900—2017). 北京：中国标准出版社.

国家林业局, 2017. 湿地生态系统服务评估规范 (LY/T 2899—2017)[S]. 北京：中国标准出版社.

国家林业局, 2017. 湿地生态系统定位观测技术规范 (LY/T 2898—2017)[S]. 北京：中国标准出版社.

国家林业和草原局, 2020. 森林生态系统服务功能评估规范 (GB/T 38582—2020)[S]. 北京：中国标准出版社.

国家林业和草原局, 2021. 森林生态系统长期定位观测研究站建设规范（GB/T 40053—2021）[S]. 北京：中国标准出版社.

国家林业局, 2014. 2013 退耕还林工程生态效益监测国家报告 [M]. 北京：中国林业出版社.

何亚群, 左蔚然, 张书敏, 等, 2008. 基于地质统计学的煤田煤质插值方法比较 [J]. 煤炭学报 (5)：514-517.

蒋有绪, 2000. 森林生态学的任务及面临的发展问题 [J]. 世界科技研究与发展, 3：1-3.

蒋有绪, 2001. 当前国际国内城市林业发展趋势与特点 [C]// 中国科学技术协会, 中国科协, 2001 年学术年会分会场特邀报告汇编. 北京：中国水土保持学会, 329-332.

金勇进，侯志强，2008. 中国劳动力调查多层次样本轮换方法的构造 [J]. 兰州商学院学报（2）：35-40.

李文华，2014. 森林生态服务核算——科学认识森林多种功能和效益的基础 [J]. 国土绿化（11）：7.

任军、宋庆丰、山广茂，等，2016. 吉林省森林生态连清与生态系统服务研究 [M]. 北京：中国林业出版社.

王兵，崔向慧，杨锋伟，2004. 中国森林生态系统定位研究网络的建设与发展 [J]. 生态学杂志 (4)：84-91.

王兵，宋庆丰，2012. 森林生态系统物种多样性保育价值评估方法 [J]. 北京林业大学学报，34(2)：155-160.

王劲峰，2009. 地图的定性和定量分析 [J]. 地球信息科学学报，11(2)：169-175.

夏尚光，牛香，苏守香，等，2016. 安徽省森林生态连清与生态系统服务研究 [M]. 北京：中国林业出版社.

徐德应，1994. 人类经营活动对森林土壤碳的影响 [J]. 世界林业研究，7(5)：26-32.

杨萍，白永飞，宋长春，等，2020. 野外站科研样地建设的思考、探索与展望 [J]. 中国科学院院刊，35(1)：125-135.

尹伟伦，2009. 生态文明与可持续发展 [J]. 科技导报，27(7)：4.

云南省质量技术监督总局，2012. 自然保护区与国家公园生物多样性监测技术规程 (DB 53/T 391—2012)[S].

张彪，李文华，谢高地，等，2009. 森林生态系统的水源涵养功能及其计量方法 [J]. 生态学杂志，28(3)：529-534.

张永利，杨峰伟，王兵，等，2010. 中国森林生态系统服务功能研究 [M]. 北京：科学出版社.

张永民，2007. 生态系统与人类福祉：评估框架 千年生态系统评估项目概念框架工作组的报告 [M]. 北京：中国环境科学出版社.

赵士洞，2005. 美国国家生态观测站网络 (NEON)——概念、设计和进展 [J]. 地球科学进展，20(5)：578-583.

郑度，2008. 中国生态地理区域系统研究 [M]. 北京：商务印书馆.

中国科学院中国植被图编辑委员会，2007a. 中国植被及其地理格局 (中华人民共和国植被图 1：1000000 说明书)[M]. 北京：地质出版社.

中国科学院中国植被图编辑委员会，2007b. 中华人民共和国植被图 (1：1000000)[M]. 北京：地质出版社.

中国气象局，2013. 北方草地监测要素与方法 (QX/T 212—2013)[S]. 北京：中国标准出版社.

中国气象局，2017. 草地气象监测评价方法 (GB/T 34814—2017)[S]. 北京：中国标准出版社.

中国森林资源核算研究项目组，2015. 生态文明制度构建中的中国森林核算研究[M]. 北京：中国林业出版社.

中华人民共和国国务院, 2015. 全国主体功能区规划[M]. 北京：人民出版社.

中华人民共和国环境保护部, 2011. 中国生物多样性保护战略与行动计划(2011—2030年)[M]. 北京：中国环境科学出版社.

Carpenter S R, Brock W A, Hanson P C，1999. Ecological and social dynamics in simple models of ecosystem management[J]. Social Systems Research Institute, University of Wisconsin，02.

Committee on the National Ecological Observatory Network，2004. NEON-Addressing the nation's environmental challenges[M]. Washington：The National Academy Press.

Costanza R, d'Arge R, de Groot R, et al.，1997. The value of the world's ecosystem services and natural capital[J]. Nature, 387(15)：253-260.

Dick J, Andrews C, Beaumont D A, et al.，2016. Analysis of temporal change in delivery of ecosystem services over 20 years at long term monitoring sites of the UK Environmental Change Network[J]. Ecological Indicators, 68：115-125.

Franklin J F, Bledsoe C S, Callahan J T，1990. Contributions of the long termecological research program[J]. Bioscience, 40：509-523.

Mervis J, kaser J, 2003. NSF hopes Congress will see the light on NEON[J].Science，300（5627）：1869-1870.

Hargrove W W, Hoffman F M，2004. Potential of multivariate quantitative methods for delineation and visualization of ecoregions[J]. Environmental Management, 34(1)：S39-S60.

Hargrove W W, Hoffman F M，1999. Using multivariate clustering to characterize ecoregion borders[J]. Computing in science & engineering, 1(4)：18-25.

Hobbie J E, Carpenter S R, Grimm N B, et al., 2003. The US long term ecological research program[J]. Bioscience, 53(1)：21-32.

Lehtonen R, Särndal C E, Veijanen A，2003. The effect of model choice in estimation for domains, including small domains[J]. Survey Methodology，29(1)：33-44.

Miller H.J, 2004. Tobler's first law and spatial analysis[J]. Annals of the Association of American Geographers, 94(2)：284-289.

Miller J D, Adamson J K, Hirst D, 2001. Trends in stream water quality in environmental change network upland catchments: the first 5 years[J]. Science of the Total Environment, 265(1/3)：27-38.

Niu X, Wang B, Wei W J, 2013a. Chinese forest ecosystem research network：A platform for observing and studying sustainable forestry[J]. Journal of Food, Agriculture & Environment, 11(2)：1008-1016.

Niu X, Wang B, 2013b. Assessment of forestecosystem services in China: A methodology[J]. Journal of Food, Agriculture & Environment, 11(3&4): 2249-2254.

Senkowsky S, 2003. NEON: Planning for a new frontier in biology[J]. BioScience, 53(5): 456-461.

Sier A, Monteith D, 2016. The UK Environmental Change Network after twenty years of integrated ecosystem assessment: Key findings and future perspectives[J]. Ecological Indicators, 68: 1-12.

Strayer D, Glitzenstein J S, Jones C G, et al., 1986. Long-term ecological studies: an illustrated account of their design, operation, and importance to ecology[J]. Occasional Pulication of the Institute of Ecosystem Studies.

Vaughan H, Brydges T, Fenech A, et al., 2001. Monitoring long-term ecological changes through the ecological monitoring and assessment network: science-based and policy relevant[J]. Environmental Monitoring and Assessment, 67(1/2): 3-28.

Vihervaara P, D'amato D, Forsius M, et al., 2013. Using long-term ecosystem service and biodiversity data to study the impacts and adaptation options in response to climate change: insights from the global ILTER sites network[J]. Current Opinion in Environmental Sustainability, 5(1): 53-66.

Wang B, Wang D, Niu X, 2013. Past, present and future forest resources in China and the implications for carbon sequestration dynamics[J]. Journal of Food Agriculture & Environment, 11(1): 801-806.

Wang B, Wei W J, Liu C J, et al., 2013a. Biomass and carbon stock in moso bamboo forests in subtropical China: Characteristics and implications[J]. Journal of Tropical Forest science, 25(1): 137-148.

Wang B, Wei W J, Xing Z K, et al., 2012. Biomass carbon pools of Cunninghamia lanceolata (Lamb.) Hook[J]. forests in subtropical China: Characteristics and potential. 27: 545-560.

Wang J F, Christakos G, Hu M G, et al, 2009. Modelling spatial means of surfaces with stratified non-homogeneity[J]. IEEE Transactions on Geosciences and Remote Sensing, 47(12): 4167-4174.

Xue P X, Wang B, Niu X, 2013. A simplified method for assessing forest health, with application to Chinese fir plantations in Dagang Mountain, Jiangxi, China[J]. Journal of Food, Agriculture & Environment, 11(2): 1232-1238.

Lehtonen R, Särndal C E, Veijanen A, 2003. The effect of model choice in estimation for domains, including small domains[J]. Survey Methodology, 29(1): 33-44.

附 表

表1 云南省生态功能区划

生态功能分区单元			所在区域与面积	主要生态特征	主要生态环境问题	生态环境敏感性	主要生态系统服务功能	保护措施与发展方向
生态区	生态亚区	生态功能区						
Ⅰ 季风北缘热带雨林生态区	Ⅰ1 西双版纳南部低山盆地季节雨林生态亚区	Ⅰ1-1 澜沧江下游低山宽谷农业生态功能区	景洪、勐海县的南部地区，勐腊县的西部地区，面积5690.40平方千米	大部分地区为海拔1000米以下的低山宽谷，坡度平缓。热量和雨量充沛，地带性植被为热带季节雨林和季雨林，地带性土壤为砖红壤	旅游业造成的环境污染和热带景观破坏	生境极为敏感	以热带经济作物为主的生态农业和以热带风光为主的生态旅游	防止水土流失和土地退化；注意保护特有的热带文化风情和民族文化，防止由于旅游带来的生态环境破坏
		Ⅰ1-2 南腊河低山河谷生物多样性保护生态功能区	勐腊县南部地区，面积4479.26平方千米	以山间盆地地貌、生态系统类型以季节雨林为暗棕色砖红壤，局部为石灰土与红色石灰土。沟谷底部及局部低洼地有沼泽土及草甸土分布	旅游业造成的环境污染等	生物多样性保护的关键地区和敏感地区。生境高度敏感	以热带雨林和热带珍稀物种为主的生物多样性保护	限制外来物种的引种活动，限制经济开发活动，发展以热带生态旅游为主的生态旅游，结合国际大通道建设，发展边贸经济，恢复热带雨林
	Ⅰ2 西双版纳北部低山盆地季节雨林生态亚区	Ⅰ2-1 南拉河、南朗河低山河谷农业生态功能区	勐海县北部、澜沧和西盟县南部地区、孟连县，面积7645.04平方千米	低山河谷地貌为主，年降水量在1400~1600毫米之间。主要河流有南拉河、南朗河，地处热带北缘与亚热带南部的交错地带，生态系统类型较多	土地利用不合理带来的景观破碎化和自然资源的破坏	土壤侵蚀高度敏感	生态农业和以茶叶生产为主的生态经济林	合理利用土地资源，发展以热带经济作物为主的生态农业，保护农业环境，推行清洁生产，防止水土流失和面源污染

(续)

生态功能分区单元			所在区域与面积	主要生态特征	主要生态环境问题	生态环境敏感性	主要生态系统服务功能	保护措施与发展方向
生态区	生态亚区	生态功能区						
Ⅰ 北热带季风常绿阔叶林生态区	Ⅰ2 西双版纳北部盆地低山宽谷季节雨林生态亚区	Ⅰ2-2 澜沧江下游低山宽谷生物多样性保护生态功能区	景洪市的北部地区，与勐海、宁洱县的部分交接区域，面积为3960.92平方千米	低山宽谷地貌为主。年降水量1500~2000毫米左右。生态系统类型以热带雨林和亚热带季风常绿阔叶林为主。土壤以砖红壤和赤红壤为主	热带地区经济作物种植带来的环境影响和生境破坏	热带与亚热带生态交错区，生境敏感和极高度敏感	以亚洲象和山地雨林为主的生物多样性保护。	加强保护区建设和管理，控制经济开发规模，保护生态系统的完整性，防止生境破碎化以及旅游带来的环境影响
		Ⅰ2-3 勐腊江城低山丘陵水土保持生态功能区	勐腊县北部地区、江城县大部分地区，面积为3310.28平方千米	低山丘陵地貌为主。云南省三大多雨区之一，年降水量可达到2000毫米以上。地带性植被类型以热带季风常绿阔叶林，土壤类型以赤红壤为主	土地利用不合理带来的水土流失和土地退化	土壤侵蚀高度敏感	西双版纳东北部低山丘陵地区的水土保持	调整土地利用结构，加大封山育林力度，提高森林覆盖率，防止水土流失
	Ⅰ3 滇西南中山宽谷半常绿季雨林生态亚区	Ⅰ3-1 大盈江、瑞丽江下游中山丘陵农业生态功能区	瑞丽、潞西、陇川、盈江、梁河以及龙陵河县的南部地区，面积9332.67平方千米	为中山丘陵地貌为主，年降水量1400~1700毫米，地带性植被类型为季风常绿阔叶林。地带性土壤类型为赤红壤	旅游业和热带开发带来的生态破坏	生境高度敏感和极度敏感，土壤侵蚀极敏感	发展生态农业和以蔗糖为主的热带作物，以澳洲坚果和柠檬为主的热带经济林	保护农业生态环境，防止水土流失和旅游和边境贸易带来的环境污染，推行清洁生产，加强国际大通道的建设
		Ⅰ3-2 南汀河谷岩溶与低山河谷林业水土保持生态功能区	耿马、沧源、镇康县的东部地区，面积4309.84平方千米	以低山河谷地貌为主，年均温为19~21.5℃。地带性植被主要是季风常绿阔叶林和热带山地季雨林。地带性土壤主要是赤红壤	土地过度养殖带来的土壤侵蚀和石漠化	土壤侵蚀高度敏感，石漠化高度敏感	云南西南岩溶地区的土壤流失和石漠化防治	调整农业结构，发展以热带木本经济作物为主的生态农业和生态林业，严禁陡坡耕种，预防石漠化

(续)

生态功能分区单元			所在区域与面积	主要生态特征	主要生态环境问题	生态环境敏感性	主要生态系统服务功能	保护措施与发展方向
生态区	生态亚区	生态功能区						
Ⅰ 季风北热带南亚缘热带季风常绿阔叶雨林生态区	Ⅰ4滇南中山峡谷湿润雨林生态亚区	Ⅰ4-1红河下游中山峡谷生物多样性保护生态功能区	富宁、麻栗坡、马关、河口、金平、绿春县的南部,江城县的东部地区,面积10493.89平方千米	西段为峡谷中山和中山地貌;年降水量达1500~1800毫米浓雾,地带性植被东部是热带湿润雨林和山地苔藓常绿阔叶林,西部是季风常绿阔叶林	生境破碎化和生物多样性减少	生境高度敏感,部分地区石漠化中度敏感	东部保护以热带湿润雨林、季雨林和山地苔藓常绿阔叶林为主的生态系统,西部保护尚存的珍稀濒危物种	东部地区保护热带雨林,严格限制种植经济林,防止生境的破碎化。西部地区保护珍稀濒危物种,加强农田生态系统的保护和建设,关注矿产资源开发的合理性,防止出现石漠化
Ⅱ 高原亚热带南部常绿阔叶林生态区	Ⅱ1梁河、龙陵中山山原季风常绿阔叶林生态亚区	Ⅱ1-1大盈江、龙川江上游水土保持生态功能区	盈江、梁河、龙陵县的北部地区,腾冲县南部,面积4821.50平方千米	大部分为中山峡谷地貌,年均温为18.3℃,年降水量为1300毫米左右。主要植被类型为季风常绿阔叶林,大面积为次生植被	土地不合理利用带来的土壤侵蚀、泥石流、滑坡等地质灾害突出	土壤侵蚀高度敏感	大盈江、龙川江上游的水土保持	山地多留水源林,巩固和扩大小黑山自然保护区的建设,调整地带性土地利用方式
	Ⅱ2临沧山原中山山原季风常绿阔叶林生态亚区	Ⅱ2-1怒江下游中山山原农业生态功能区	施甸、昌宁县大部分地区,永德县西部、镇康县东部地区,龙陵县东部,面积7272.66平方千米	以中山山原地貌为主。大部分地区年降水量在1200毫米以上,地带性植被为季风常绿阔叶林。地带性土壤主要为红壤和黄壤	土地不合理利用带来的生态破坏和环境污染	土壤侵蚀高度敏感	以多种经济作物为主的生态农业	调整产业结构,发展蔗糖和热带水果等经济作物,保护商品粮基本农田,保障商品粮生产

(续)

生态区	生态功能分区单元		所在区域与面积	主要生态特征	主要生态环境问题	生态环境敏感性	主要生态系统服务功能	保护措施与发展方向
	生态亚区	生态功能区						
Ⅱ 高原亚热带南部常绿阔叶林生态区	Ⅱ2 临沧山原季风常绿阔叶林生态亚区	Ⅱ2-2 南汀河中山峡谷林业与水土保持生态功能区	云县西部，临翔区，凤庆县南部地区，耿马县东北部地区，永德县东部地区，面积5942.96平方千米	以中山峡谷地貌为主。年降水量1500~2000毫米，局部地区达2500毫米，主要植被类型为季风常绿阔叶林。主要土壤类型为赤红壤、红壤和黄壤	水源涵养能力差，土壤侵蚀严重	土壤侵蚀高度敏感	南汀河流域的生态林业和水土保持	发展以水源涵养林为主的生态林业，防止水土流失
		Ⅱ2-3 小黑江低山盆地农业生态功能区	双江县，澜沧、景谷、西盟地区，沧源县东北部地区，总面积7069.27平方千米	以低山河谷和盆地地貌为主。年降水量2000-2500毫米。主要植被类型是季风常绿阔叶林和半湿润常绿阔叶林，土壤以赤红壤、红壤和黄棕壤为主	土地利用和农业结构不合理带来的生态破坏	土壤侵蚀中度敏感	以亚热带南部地区的农业为主的生态农业建设	调整产业结构，推行清洁生产，发展绿色食品，控制农药和化肥的施用，防止耕地数量减少和质量下降，建设生态农业示范区
	Ⅱ3 澜沧江中游中山原季风常绿阔叶林、暖性针叶林生态亚区	Ⅱ3-1 澜沧江干流中山峡谷水土保持生态功能区	翠云区，澜沧、景谷、双江、临沧、景东、云县，镇沅县东，沅镇等县的交错地带，面积12072.20平方千米	以中山河谷地貌为主，大部分地区的年降水量在1200毫米以上。东部地区的主要植被为思茅松林，西部地区类型组成较为复杂，而且大部分已开垦为农地。土壤以赤红壤和酸性紫色土为主	水电开发带来的土壤侵蚀和生态破坏	土壤侵蚀高度敏感	澜沧江中游干流地区的水土保持	调整产业结构，合理利用水土资源，防止水土流失，建立相应的生态补偿机制，发展梯级电站以澜沧江景观为主的生态旅游

表（续）

生态功能分区单元			所在区域与面积	主要生态特征	主要生态环境问题	生态环境敏感性	主要生态系统服务功能	保护措施与发展方向
生态区	生态亚区	生态功能区						
Ⅱ 高原亚热带南部常绿阔叶林生态区	Ⅱ3 澜沧江、把边江中游中山山原季风常绿阔叶林、暖性针叶林生态亚区	Ⅱ3-2哀牢山、无量山下段生物多样性保护生态功能区	镇沅县、景东县与新平、双柏县的交界地区，面积5677.47平方千米	以中山山原地貌为主。大部分地区的年降水量在1200毫米以上。北部植被类型以季风常绿阔叶林、半湿润常绿阔叶林和中山湿性常绿阔叶林为主，南部为思茅松林为主，土壤类型主要为赤红壤、黄壤和黄棕壤	森林砍伐和其他人类活动造成的生境破坏	生态交错区，生境高度敏感。	以中山湿性常绿阔叶林和黑长臂猿保护为主的生物多样性	加强自然保护区的管理，防止生境破碎化
		Ⅱ3-3景谷威远江中山河谷林业生态功能区	景谷县大部地区，宁洱县西北部地区，面积6860.45平方千米	以中山河谷地貌为主。年降水量在1200毫米以上，地带性植被类型是季风常绿阔叶林，思茅松分布很广。土壤主要是紫色土、赤红壤和红壤	森林经营不善造成的森林生态系统功能降低	生境高度敏感，土壤侵蚀高度敏感	以思茅松原始林保护和人工林建设为主的生态林业建设	加强森林经营和管理，禁止乱砍滥伐，调整林业结构，发展林纸产业循环经济，防止水土流失
		Ⅱ3-4阿墨江林业与水土保持生态功能区	墨江大部地区，总面积为5952.94平方千米	以中山河谷地貌为主。年降水量在1200毫米以上。地带性植被类型是季风常绿阔叶林，土壤主要为紫色土	毁林开荒带来的水土流失	土壤侵蚀高度敏感	水土保持和生态农业建设	调整土地利用方式，山、水、田、林、路综合治理，适度开发矿产资源，严格退耕还林
		Ⅱ3-5普洱低山丘陵农业与城镇生态功能区	翠云、宁洱、江城县大部地区，总面积为8416.20平方千米	以低山丘陵地貌为主。降水量均在1200毫米以上。主要植被类型有季风常绿阔叶林和思茅松林，主要土壤类型有赤红壤、红壤和紫色土等	城郊农业和城镇建设带来的农田和城镇环境污染	城乡交错带的生态脆弱性和农村面源污染	生态农业和生态城镇建设	改善耕作方式，调整产业结构，防止城郊接合部的面源污染和消减林产品加工业对环境造成的环境影响

(续)

生态区	生态功能分区单元		所在区域与面积	主要生态特征	主要生态环境问题	生态环境敏感性	主要生态系统服务功能	保护措施与发展方向
	生态亚区	生态功能区						
Ⅱ 高原亚热带南部常绿阔叶林生态区	Ⅱ4 蒙自、元江、红河岩溶山地暖性针叶林生态亚区	Ⅱ4-1 锡欧河中山峡谷水源涵养生态功能区	绿春、元阳、红河三县交接区，面积3345.84平方千米	以中山峡谷地貌为主。降水量1500~2500毫米，地带性植被为季风常绿阔叶林，土壤垂直地带性表现明显	森林砍伐带来的水源林破坏	土壤侵蚀高度敏感	多雨地带和分水岭地带的水源涵养	封山育林，涵养水源，调整土地利用方式，增加森林覆盖率，消减矿产资源开发的环境影响
		Ⅱ4-2 元江干热河谷水土保持与林业生态功能区	个旧市、双柏、新平、石屏、蒙自、红河、元阳等县的元江河谷地带，面积8752.29平方千米	以中山河谷地貌为主。海拔1300以下的河谷地带热量高雨量偏少，大部分地区降水量在800毫米以下，山地垂直带分布明显，地带性植被为季风常绿阔叶林，河谷地带的植被主要是稀树灌木草丛，土壤类型为燥红土、赤红土、赤红壤和紫色土	森林覆盖率低，土地退化严重	土地利用不当而存在潜在的荒漠化	维护生态脆弱区和生态交错地带的生态安全	哀牢山西坡封山育林，河谷地带调整产业结构，发展热带经济林木，减少土地的过度利用带来的土地退化
		Ⅱ4-3 新平峨山中山原林业与水源涵养生态功能区	新平、峨山、石屏、元江四县交界地带，面积3170.28平方千米	以中山河谷地貌为主。降水量偏少，主要植被类型为云南松林思茅松林，土壤以紫色土为主	矿山开采造成的水源林破坏，森林质量差，林种单一	土壤侵蚀中度和高度敏感	元江上游地区的水源涵养，预防水土流失	封山育林，提高森林的数量和质量，调整土地利用方式，严格退耕还林，提高区域的水源涵养能力
		Ⅱ4-4 异龙湖、长桥海山原湖盆农业与生态城镇生态功能区	建水、蒙自、个旧、开远等市，文山、弥勒、砚山等县的湖盆地带，面积9495.33平方千米	以山原湖盆地貌为主。降水量在800~1100毫米，地带性植被为季风常绿阔叶林已破坏殆尽，现存植被主要为云南松林。土壤以红壤和耕作土为主	工业及农业活动造成的环境污染和土地退化	城乡生态交错带和水陆交错带的生态脆弱性	高原湖盆区的生态农业和生态城镇建设	保护农田生态环境，推行清洁生产，防止城郊污染，建设循环经济工业区

(续)

生态区	生态亚区	生态功能分区单元 生态功能区	所在区域与面积	主要生态特征	主要生态环境问题	生态环境敏感性	主要生态系统服务功能	保护措施与发展方向
Ⅱ 高原亚热带南部常绿阔叶林生态区	Ⅱ5 文山岩溶季风原常绿阔叶林亚区	Ⅱ5-1 南溪河、那么河水源涵养生态功能区	屏边县大部,马关县北部地区,文山西部,面积4652.48平方千米	以低山丘陵地貌为主。年降水量为1200~2000毫米。地带性植被主要是季风常绿阔叶林。土壤主要为赤红壤、红壤、黄红壤和黄泡土	森林破坏严重,林种单一	石漠化极为敏感	岩溶地区主要河流的水源涵养	严格封山育林,提高森林的数量和质量,调整土地利用方式,防止水土流失和石漠化
		Ⅱ5-2 西畴、广南岩溶盆地水土保持生态功能区	西畴、麻栗坡县北部地区,广南、砚山县南部地区,文山东部地区,马关北部地区,面积7548.00平方千米	以盆地地貌为主。年降水量在900~1200毫米之间。地带性植被为季风常绿阔叶林,现存植被主要为云南松林和灌木林。土壤类型主要是红壤和石灰土	土地过度利用造成的石漠化	石漠化极为敏感	维护石漠化生态脆弱区的生态安全	调整产业结构,采用工程措施和生物措施提高区域的森林覆盖率,加强石漠化的生态治理
		Ⅱ5-3 那马河、广南西洋河低山河谷林业与水源涵养生态功能区	富宁县大部地区,广南县东南部地区,面积4205.78平方千米	以低山河谷地貌为主。年降水量在900~1200毫米之间。地带性植被为季风常绿阔叶林。土壤类型主要是赤红壤、红壤和紫色土	森林覆盖率低,森林质量差	地表破碎,水源涵养能力差	岩溶地区低山河谷地带的水源涵养	严格封山育林,在森林破坏严重的地段实行工程造林,加快珠江流域防护林工程建设,调整土地利用方式,防止水土流失和石漠化

(续)

生态功能分区单元			所在区域与面积	主要生态特征	主要生态环境问题	生态环境敏感性	主要生态系统服务功能	保护措施与发展方向
生态区	生态亚区	生态功能区						
Ⅲ高原带北部常绿阔叶林生态区	Ⅲ1 滇中高原盆地湿润半常绿阔叶林、暖性针叶林生态亚区	Ⅲ1-1 楚雄、大理山原盆地农业与城镇生态功能区	楚雄市南部、南华县东北部，大理市、祥云、弥渡、洱源等县，面积8095.57平方千米	以丘状高原地貌为主。西部点苍山降水量可达1500毫米以上，东部降水量在1000毫米左右，东部分地区不足800毫米。点苍山植被垂直带分布明显，高原松林为主。土壤类型以红壤和石灰土为主	土地过度利用和旅游带来的环境污染和土地退化	生境高度敏感	楚雄、大理的城镇和生态农业建设	保护农田生态环境，控制化肥和农药的施用，发展生态旅游，维护本区的自然遗产和地质景观和地质遗产
		Ⅲ1-2 礼社江中山河谷水土保持生态功能区	楚雄市、双柏、南华、弥渡县及禄丰县南部部分区域，面积9041.18平方千米	以中山山原地貌为主，河谷地带降水量800毫米以下，高原面上的降水量为1000~1200毫米，地带性植被为半湿润常绿阔叶林，现存植被以云南松林为主。土壤类型以紫色土为主	森林破坏造成水土流失	土壤侵蚀中高度敏感	礼社江流域的水土保持	改变森林结构，提高森林质量，严格控制矿产资源的开发，发展以生态公益林为主的生态林业，提高本区的水源涵养功能，预防水土流失。
		Ⅲ1-3 哀牢山、无量山生物多样性保护生态功能区	景东县北部地区，南华、弥渡地区的交接地区，面积474.07平方千米	以中山山原地貌为主。降水量900~2000毫米，植被和土壤垂直分布明显，大面积分布的为中山湿性常绿阔叶林。土壤的垂直分布为赤红壤、黄壤、黄棕壤、高山草甸土	资源开发对生物多样性保护的影响和威胁	生态交错带的生物多样性保护	以中山湿性常绿阔叶林和黑长臂猿、绿孔雀等为主的生物多样性保护	加强自然保护区管理，防止生境破坏，协调和处理好保护与开发的关系

(续)

生态区	生态亚区	生态功能分区单元	所在区域与面积	主要生态特征	主要生态环境问题	生态环境敏感性	主要生态系统服务功能	保护措施与发展方向
Ⅲ高原亚热带北部常绿阔叶林生态区	Ⅲ1滇中高原盆谷湿润半湿润常绿阔叶林、暖性针叶林生态亚区	Ⅲ1-4金沙江分水岭红岩山原水源涵养生态功能区	大姚县南部地区，牟定县，楚雄与禄丰相交接处，面积52393.96平方千米	以山原地貌为主，地处分水岭地带，水系发育不全，水资源相对匮乏，降水量800~1000毫米。地带性植被为半湿润常绿阔叶林，土壤主要为紫色土	森林覆盖率低，林种单一，森林质量差	土壤侵蚀中度敏感，水源涵养能力弱	大流域分水岭地带的水源涵养	封山育林，发展经济林，推行清洁生产和循环经济，提高森林质量，加强区域的水源涵养能力
		Ⅲ1-5绿汁江河谷水土保持生态功能区	易门，双柏，新平，峨山县等县的河谷地带，面积5172.51平方千米	大部地区为中山河谷地貌。降水量800~1000毫米，现存植被以云南松林为主，土壤以紫色土为主	不合理的土地利用带来的水土流失严重	土壤侵蚀高度敏感	水土流失严重地区的综合整治	工程治理与生物治理相结合，改造严重土地流失环境，封山育林加大强度和土地利用方式，调整发展多种经营
		Ⅲ1-6昆明、玉溪高原湖盆城镇建设生态功能区	澄江，通海，江川县，红塔区，昆明市大部分区域，峨山县的部分地区，面积11532.70平方千米	以湖盆和丘状高原地貌为主。滇池，抚仙湖，星云湖，杞麓湖等湖泊都分布在本区内，大部分地区的年降水量在900~1000毫米，现存植被以云南松林为主，土壤以红壤，紫色土和水稻土为主	农业面源污染，环境污染，水资源和土地资源短缺	高原湖盆和城乡交错带的生态脆弱性	昆明中心城市建设及维护高原湖泊群及周边地区的生态安全	调整产业结构，发展循环经济，推行清洁生产，治理高原湖泊水体污染和流域区的面源污染
		Ⅲ1-7禄劝、武定河谷盆地农业生态功能区	禄丰县东部，禄劝，武定，安宁，富民，西山区部分区域，面积2801.75平方千米	滇中红岩高原与滇东石灰岩山地的交错地带，以河谷盆地地貌为主，降水量900~1000毫米，现存植被以云南松林为主，主要土壤类型为红壤和紫色土	土地垦殖过度存在的土地质量和数量的下降	土地退化和农业生态环境恶化的潜在威胁	生态农业建设，保障昆明城市发展的农副产品的供应	保护农田环境质量，改进耕作方式，推行清洁生产，防止农田化肥污染

(续)

生态区	生态功能分区单元		所在区域与面积	主要生态特征	主要生态环境问题	生态环境敏感性	主要生态系统服务功能	保护措施与发展方向
	生态亚区	生态功能区						
Ⅲ高原亚热带北部常绿阔叶林生态区	Ⅲ1 滇中高原盆地半湿润常绿阔叶林、暖性针叶林生态亚区	Ⅲ1-8掌鸠河中山山原水源涵养生态功能区	武定、禄丰县大部地区，禄劝县西部地区，面积3903.90平方千米	以中山山原地貌为主。降水量1000~1200毫米，现存植被主要是云南松林和华山松林，土壤以紫色土和红壤为主	林种单一，森林质量差	土壤侵蚀中高度敏感	城市饮用水源地的水源涵养	加强云龙水库的生态保护和管理，加大封山育林的力度，提高森林质量，杜绝水土流失，严防水源污染
		Ⅲ1-9普渡河上游小江上游水土流失保持生态功能区	寻甸县大部地区，禄劝县东部地区，面积为3935.88平方千米	以中山峡谷地貌为主。年降水量在普渡河谷为800毫米，高原面上为1200~1500毫米，植被垂直地带分布明显，现存植被以云南松林为主，土壤以红壤和紫色土为主	森林质量较差，水土流失严重	土壤侵蚀高度敏感	普渡河和小江上游的水土保持	保护现有植被，加大封山育林力度，营造水土保持林，严格退耕还林，提高森林数量及质量
		Ⅲ1-10牛栏江上游丘原盆地水源涵养生态功能区	马龙县，嵩明、宜良、寻甸县的部分地区，面积4783.52平方千米	以石灰岩丘原盆地地貌为主。降水量1000~1200毫米，主要为云南松林和半湿润常绿阔叶林，土壤类型主要是红壤	土地利用过度引起的土地退化	石漠化高度及中度敏感	牛栏江上游的水源涵养和生态农业建设	山地封山育林，提高森林覆盖，盆地区调整农业结构，推行清洁生产，保护农田生态环境，防止区域石漠化
		Ⅲ1-11曲靖、陆良盆地城镇与农业生态功能区	宜良、石林、陆良县、麒麟区的大部分地区、沾益县南部地区，面积4270.57平方千米	以石灰岩盆地地貌为主，降水量900~1000毫米。地带性植被为半湿润常绿阔叶，现存植被主要为云南松林，土壤以红壤为主	土地利用不合理导致土地石漠化	石漠化高中度敏感	以岩溶地貌为主的生态旅游和以粮食生产为主的生态农业	开展生态旅游，合理利用土地，推行清洁的生产，改善岩溶地貌的数量和环境，保护农田生态环境，防止石漠化

（续）

生态区	生态功能分区单元		所在区域与面积	主要生态特征	主要生态环境问题	生态环境敏感性	主要生态系统服务功能	保护措施与发展方向
	生态亚区	生态功能区						
Ⅲ 高原亚热带北部常绿阔叶林生态区	Ⅲ1 滇中高原盆谷湿润半湿润常绿阔叶林、暖性针叶林生态亚区	Ⅲ1-12 南盘江、甸溪河岩溶低山水土保持生态功能区	弥勒、泸西县大部分地区，师宗县南部，罗平县东南部，与陆良、石林、华宁等县东部的交界区域，面积9876.66平方千米	以石灰岩低山丘陵地貌为主。大部分地区年降水量1000~1200毫米，东部局部地区达到1500~2000毫米。主要植被类型为云南松林和灌木林。属南盘江水系。主要类型是黄红壤，土壤类型主要是黄红壤和石灰土	人口密集，土地利用过度引起的潜在石漠化	石漠化高中度敏感	岩溶地区的生态农业建设	发展以亚热带经济林木为主的生态林业，降低土地利用强度，开展多种经营和清洁生产，防止石漠化
		Ⅲ1-13 南盘江、清水江下游中山河谷林业生态功能区	广南县西北部地区，邱北县北部，师宗县南部等区域，面积7640.65平方千米	以中山河谷地貌为主。年降水量为1200~1500毫米，主要植被类型是云南松林，在低海拔河谷地带分布有季风常绿阔叶林。土壤以黄红壤和黄棕壤为主	森林破坏引起的水土流失	土壤侵蚀中、高度敏感	南盘江、清水江下游的水土保持	严格封山育林，发展经济林作，改变农田耕作方式，调整农业结构，提高森林质量，严防水土流失
		Ⅲ1-14 富源、罗平岩溶中山水源涵养生态功能区	富源县，罗平县的大部分地区以及沾益县、麒麟县南部地区，面积4524.10平方千米	以岩溶中山地貌为主。大部分地区年降水量1500~2000毫米，主要植被类型是云南松林，土壤以黄棕壤为主	森林数量少、质量低，矿业开发带来的污染	石漠化中度敏感	云南东部岩溶中山的水源涵养	严格执行封山育林，人工造林和退耕还林，做好煤矿开采的生态恢复，提高区域的水源涵养效益
		Ⅲ1-15 邱北、砚山岩溶盆地水保持生态功能区	邱北县、砚山县大部分地区，广南县西南部，面积6840.63平方千米	以岩溶盆地地貌为主，石灰岩大量出露。年降水量900~1000毫米，现存植被主要是云南松、石灰岩栎林。土壤以红壤、石灰土和水稻土为主	土地利用过度带来的石漠化	石漠化高度敏感	石漠化地区的生态恢复和治理	加强石漠化的工程治理和生物治理，调整产业结构，防止土地的进一步退化

(续)

生态区	生态功能分区单元		所在区域与面积	主要生态特征	主要生态环境问题	生态环境敏感性	主要生态系统服务功能	保护措施与发展方向
	生态亚区	生态功能区						
Ⅲ 高原亚热带北部常绿阔叶林生态区	Ⅲ2 滇中北中山峡谷暖性针叶林生态亚区	Ⅲ2-1仁里河、程海湖盆中高山山原农业生态功能区	华坪县大部分地区、宁蒗县南部地区，面积5144.64平方千米	以中高山山原地貌为主，年降水量700~1500毫米，现存植被以云南松林为主，土壤以红壤、黄红壤、棕壤为主	农业结构不合理，生产力低下	土壤侵蚀中高度敏感	程海流域及附近地区的生态农业建设	调整农田生态环境，防止农田污染，发展以螺旋藻的开发为主的湖区循环经济
		Ⅲ2-2金沙江中山峡谷水土保持生态功能区	永胜、鹤庆、大姚、永仁、华坪县的交接地带，面积4269.49平方千米	以中山峡谷地貌为主，年降水量800~900毫米，部分低海拔的河谷地区600~700毫米，现存植被主要是云南松林和华山松林，低海拔河谷地区的土壤以燥红土，山地和高原面上土壤以紫色土为主	森林质量差，水土流失隐患严重	土壤侵蚀中度敏感	金沙江中段峡谷地带的水土保持	改善森林质量，严格退耕还林，发展以经济林木为主的生态林业，提高河谷区域的水土保持能力
		Ⅲ2-3白草岭中山山原林业与水源涵养生态功能区	永仁、大姚、鹤庆、宾川县的大部分地区，面积7171.31平方千米	以中山山原地貌为主，河谷地区的年降水量在600~800毫米，高原面上的降水量为1000~1200毫米。现存植被主要是云南松林，西部土壤主要以红壤为主，东部河谷地带是紫色土，宾川河谷地带有一定面积分布的燥红土	农业结构不合理，水土流失严重	土壤侵蚀中度敏感	金沙江中段山原地区的水源涵养与生态农业建设	山区加大封山育林的力度，严格控制矿产资源的开发。河谷区调整土地利用方式，推行清洁生产
		Ⅲ2-4元谋龙川江干热河谷农业生态功能区	元谋县，武定、永仁、大姚县的部分地区，面积2863.93平方千米	以河谷地貌为主，年降水量700~800毫米。主要植被类型是稀疏灌木草丛，土壤以燥红土和紫色土为主	森林覆盖率低，土地退化严重	干热河谷脆弱地带	维护干热河谷生态脆弱区的生态安全	调整产业结构，增加沿江河谷面山的森林覆盖率，发展热带经济林木，改善水环境条件，发展庭院经济，防止生态环境荒漠化

(续)

生态功能分区单元			所在区域与面积	主要生态特征	主要生态环境问题	生态环境敏感性	主要生态系统服务功能	保护措施与发展方向
生态区	生态亚区	生态功能区						
	Ⅲ2 滇中、中北部中山峡谷暖性针叶林生态亚区	Ⅲ2-5 金沙江、小江高山峡谷水土保持功能区	武定县东北，禄劝县北部，东川区大部分地区，巧家、会泽县西部地区，面积6214.85平方千米	以高山峡谷地貌为主。年降水量河谷地带700~900毫米，山地和高原面上可达到1200毫米。低海拔河谷地带植被以稀稀灌木草丛为主，高原面上主要是云南松林，河谷土壤以燥红壤为主，山地上的土壤以红壤为主	森林覆盖率极低，水土流失和泥石流严重	土壤侵蚀高度敏感，泥石流隐患严重	金沙江中段峡谷地带的水土保持和生态灾害的综合治理	水土流失和泥石流的治理，提高森林工程的数量和质量，防止生态灾害的进一步恶化
Ⅲ 高原亚热带北部常绿阔叶林生态区	Ⅲ3 滇中北部西部中山高原暖性针叶林，针叶林寒温性生态亚区	Ⅲ3-1 玉龙、香格里拉金沙江河谷水源涵养生态功能区	玉龙县大部分地区及其与鹤庆、剑川县交接地区，面积为8029.29平方千米	以中山河谷地貌为主。河谷年降水量700~900毫米，山地900~1500毫米，植被的垂直地带性分布明显，以云南松林、高山松林和云冷杉林为主，土壤主要有红壤、黄棕壤、棕壤、棕色森林土和亚高山草甸土	地表破碎，水源涵养能力低	土壤侵蚀中度敏感	金沙江中上游地区的水源涵养和生态农业建设	提高森林的数量和质量，调整土地利用方式，提高农业生产效益
		Ⅲ3-2 玉龙、香格里拉金沙江峡谷生物多样性保护生态功能区	香格里拉县南部，玉龙县东北部地区，面积4069.26平方千米	以高山峡谷地貌为主。年降水量河谷地带700~800毫米，山地上为900~1500毫米。从金沙江河谷到玉龙雪山顶，植被垂直类型有明显。主要土壤类型有红壤、棕壤、棕色森林土和亚高山草甸土	旅游业带来的环境污染	生境高度敏感	玉龙雪山，哈巴雪山的生物多样性保护	加强自然保护区的管理，实施生态旅游，保护自然景观，防止旅游环境的污染和破坏

(续)

生态功能分区单元			所在区域与面积	主要生态特征	主要生态环境问题	生态环境敏感性	主要生态系统服务功能	保护措施与发展方向
生态区	生态亚区							
Ⅲ高原亚热带北部常绿阔叶林生态区	Ⅲ3 滇中西北部高中山原高针叶林、寒温性针叶林生态亚区	Ⅲ3-3宁蒗金沙江干流高山峡谷水土保持生态功能区	玉龙县、宁蒗县与永胜县交接地区,总面积为4585.06平方千米	以高山峡谷地貌为主,年降水量700~900毫米,金沙江河谷地带的植被已基本开垦为农田,现存植被以云南松林为主。土壤红壤、黄棕壤,暗棕壤等类型	陡坡开垦带来的水土流失	土壤侵蚀高度敏感	金沙江干流高山峡谷地区的水土保持	严格退耕还林和封山育林,在水土流失严重的地区实行工程治理,提高森林数量和质量,防止水土流失
		Ⅲ3-4宁蒗河高中山山原林业水源涵养生态功能区	宁蒗县中部,永胜县北部地区,总面积为2835.15平方千米	以中高山山原地貌为主,年降水量900~1000毫米,植被以云南松林和云冷杉林为主。土壤类型主要是黄棕壤、棕壤、亚高山草甸土	森林覆盖率较低,森林质量差	土壤侵蚀中高度敏感	金沙江上游北部高山峡谷地区的水源涵养	调整土地利用结构,提高森林的数量和质量,增加坡地的水源涵养能力
	Ⅲ4 滇东北中山高原暖性针叶林、山地草甸生态亚区	Ⅲ4-1牛栏江、金沙江高山峡谷水土保持生态功能区	巧家、会泽三县接地区,永善县西部地区,面积3111.94平方千米	以高山峡谷地貌为主,年降水量700~1200毫米,植被以云南松林为主,有一定面积稀疏灌木草丛。低海拔河谷地带的土壤类型以燥红土为主,山地垂直带上的土壤以黄壤和棕壤为主	贫困与生态环境恶化的恶性循环	土壤侵蚀中高度敏感	牛栏江、金沙江下游高山峡谷地区的水土保持	改变土地利用方式,发展以经济林木为主的生态农业,严格控制矿产资源的开发,对生态严重破坏地区实施生态移民
		Ⅲ4-2昭通鲁甸山原盆地农业与城镇生态功能区	鲁甸县大部分地区,昭阳区、永善、大关县部分地区,总面积为3220.07平方千米	以山原盆地地貌为主,年降水量在800~1200毫米,现存植被类型以云南松林为主,主要土壤类型为黄壤、黄棕壤和水稻土	人口密集,土地利用强度大造成土地退化	土壤侵蚀中度敏感	以粮食和经济林的生态农业建设	发展以商品粮和苹果为主的生态农业,发展特色优势农副产品,建立农产品的生产加工为主的循环经济,推行清洁生产,防止农业环境污染

（续）

生态功能分区单元			所在区域与面积	主要生态特征	主要生态环境问题	生态环境敏感性	主要生态系统服务功能	保护措施与发展方向
生态区	生态亚区	生态功能区						
Ⅲ高原亚热带北部常绿阔叶林生态区	Ⅲ4 滇东北中山高原性暖性针叶林、暖性针叶林、山草甸生态亚区	Ⅲ4-3 以礼河、硝厂河高山深谷水土保持生态功能区	会泽县大部，巧家县北部区，面积3745.58平方千米	以石灰岩高山深谷地貌为主，年降水量北部800~900毫米，南部地区1000~1200毫米，主要植被类型为云南松林，生长较差。主要土壤类型是红壤和棕壤	森林覆盖率低，土地退化，水土流失严重	土壤侵蚀中高度敏感	金沙江下游地带的水土保持	调整产业结构，严格退耕还林，注意矿产资源开发的生态保护，严重生态恶化地区实施生态移民
		Ⅲ4-4 牛栏江、盘江上游岩溶水源涵养生态功能区	沾益县北部，宣威市西部及会泽县南部地区，面积5628.93平方千米	地貌以石灰岩山原为主，大部分地区的年降水量在1000~1200毫米，主要植被类型为云南松林，生长较差。主要土壤类型为黄棕壤和红壤	土地垦殖过度，森林退化严重	石漠化高中度敏感，土壤侵蚀中度敏感	牛栏江、南盘江上游岩溶地区的水源涵养	严格退耕还林，加大封山育林的力度，调整产业结构，提高森林的数量和质量
		Ⅲ4-5 宣威农业生态功能区	宣威市东部，富源、沾益县的北部，面积4447.55平方千米	以岩溶峰丘地貌为主，地势较为平缓。年降水量1000~1500毫米。现存主要植被多为云南松林，土壤大部分是红壤和黄壤	森林覆盖率低，土地开垦过度	石漠化中高度敏感	岩溶峰丘地区的水源涵养与农业建设	调整产业结构，防止农田污染，预防石漠化，注意露天煤矿开采后的生态恢复，推行煤化工企业循环经济
	Ⅲ5 澜沧江高中山峡谷暖性针叶林、温性针叶林生态亚区	Ⅲ5-1 澜沧江高山峡谷水土保持生态功能区	维西县南部，兰坪县西部，云龙县大部分地区，永平县北部地区，面积4269.49平方千米	以高山峡谷地貌为主。河谷地区的年降水量仅为700~800毫米，山顶地区降水量可上升到1500毫米左右，山地植被垂直带分布明显。土壤主要类型主要有红壤、黄棕壤、暗棕壤、棕色森林土和亚高山草甸土	陡坡耕种造成的水土流失	土壤侵蚀中高度敏感	澜沧江中游高山峡谷区的水土保持	封山育林，调整土地利用结构，提高森林的数量和质量。消减水电开发和三江成矿带开发的负面影响，做好移民工作

（续）

生态功能分区单元			所在区域与面积	主要生态特征	主要生态环境问题	生态环境敏感性	主要生态系统服务功能	保护措施与发展方向
生态区	生态亚区	生态功能区						
Ⅲ高原亚热带北部常绿阔叶林生态区	Ⅲ5澜沧江高中山峡谷暖性针叶、温性针叶林生态亚区	Ⅲ5-2雪盘山高中山山原林业水源涵养生态功能区	兰坪、云龙县东部，剑川、洱源县西部，漾濞县西北小部分地区，面积5982.68平方千米	以中山河谷地貌为主，年降水量900~1500毫米，现存植被主要为云南松林，垂直地带性分布明显，土壤主要类型主要有红壤、黄棕壤、暗棕壤	陡坡耕种造成的水土流失	土壤侵蚀中高度敏感	澜沧江、金沙江分水岭地区的水源涵养和生态林业建设	加大封山育林的力度，提高森林的数量和质量；注意矿产资源开发中的生态保护和恢复，发展生态旅游和林业为主的林业，防止水土流失和农业环境污染
	Ⅲ6高黎贡山、碧罗雪山、雪山峡谷中山常绿阔叶林、暖性针叶林生态亚区	Ⅲ6-1怒江高山峡谷生物多样性保护生态功能区	贡山、福贡，泸水县大部分地区，六库县局部地区，面积8978.41平方千米	以高中山峡谷地貌为主，河谷以东1200~1500毫米，怒江河谷以西3000毫米以上，缅边界可达中缅边界带垂带谱及以上，植被组成具有云南中南部植被与东喜马拉雅南翼山地中上部之间的过渡性的特点，土壤垂直分布显著	土地利用不合理带来的生境破碎化	土壤侵蚀高度敏感，生境高度敏感	以中山湿性常绿阔叶林、野生动物为主的生物多样性保护	加强自然保护区的管理，防止生境破碎化和物种的丧失，加大林业建设的投资
	Ⅲ7滇西中山山原半湿润常绿阔叶林、暖性针叶林生态亚区	Ⅲ7-1腾冲熔岩火山自然景观保护区	腾冲县，面积3951.58平方千米	以熔岩火山地貌为主，大部分地区的年降水量为2000毫米，中缅边界可达3000毫米以上，地带性的山地植被保存较为完整，植被类型主要以黄壤、土壤类型主要以黄棕壤和石灰土为主	旅游开发带来的生态环境破坏和水土流失	土壤侵蚀高度敏感，生境高度敏感	保护熔岩火山自然景观，发展生态旅游	保护熔岩生态系统的完整性，防止自然景观的破坏和环境污染

生态区	生态功能分区单元		所在区域与面积	主要生态特征	主要生态环境问题	生态环境敏感性	主要生态系统服务功能	保护措施与发展方向
	生态亚区	生态功能区						
Ⅲ 高原亚热带北部常绿阔叶林生态区	Ⅲ7 中山山原半湿润常绿阔叶林、针叶林生态亚区	Ⅲ7-2 高黎贡山、怒江河谷生物多样性保护生态功能区	隆阳区西部，与腾冲、泸水、云龙县接壤的地区，总面积3336.55平方千米	以中山峡谷地貌为主。怒江河谷为高黎贡山，降水量800~900毫米，山地1000~4000毫米，土壤类型丰富，主要是红壤、黄壤、山草甸土，垂直分布明显	生境破碎化带来对生物多样性的威胁	土壤侵蚀高度敏感，生境高度敏感	以中山湿性常绿阔叶林和扭角羚等动物等珍稀动物的生物多样性保护	加强自然保护区的管理，保护垂直生态系统的完整性，防止生境破碎化，适度发展江边热作生态旅游
		Ⅲ7-3 澜沧江中游水土保持生态功能区	隆阳区、永平、昌宁地区，大部分地区，凤庆县部分地区，总面积6825.14平方千米	以中山河谷地貌为主。年降水量带为900毫米，山地为1000~1200毫米。植被类型以云南松林为主。土壤主要是红壤、黄棕壤和水稻土	土地利用不合理带来的水土流失	土壤侵蚀中高度敏感	澜沧江中游地区的水土保持和生态恢复	调整产业结构和土地利用格局，发展以水电产业为龙头的循环经济，防止环境恶化和水土流失
		Ⅲ7-4 漾濞江中山河谷林业与水土保持生态功能区	漾濞县大部分地区，永平、昌宁、巍山、凤庆县部分地区，云县，景东县小部分地区，面积6221.11平方千米	以中山峡谷地貌为主，年降水量在900~1000毫米，山地900~1500毫米左右。植被主要是山西面的云南松林，点苍山西坡山地垂直带植被分布明显。土壤以红壤和紫色土为主	土地利用不当带来的水土流失	土壤侵蚀中高度敏感	漾濞江中山峡谷地区的水土保持	保护山地垂直植被带，加大封山育林的强度，大力发展公益林，适当发展商品林，提高区域的水源涵养能力
Ⅳ 亚热带（东部）常绿阔叶林生态区	Ⅳ1 滇东北中山河谷湿润常绿阔叶林生态亚区	Ⅳ1-1 横江中山峡谷水土保持生态功能区	绥江、永善、大关、盐津、永富县的大部分地区，面积6211.13平方千米	中山河谷地貌为主，河谷年降水量为1000毫米，山地的年降水量1500~2000毫米地带性植被为湿性常绿阔叶林。现存植被以萌生灌丛为主。土壤以黄壤和紫色土为主	森林覆盖率极低，水土流失严重	土壤侵蚀高度敏感	横江流域地区的水土保持	采用工程措施与生物措施相结合的方法开展生态恢复建设，发展生态农业，循环经济，发展第二和第三产业

(续)

生态区	生态功能分区单元		所在区域与面积	主要生态特征	主要生态环境问题	生态环境敏感性	主要生态系统服务功能	保护措施与发展方向
	生态亚区	生态功能区						
Ⅳ亚热带(东部)常绿阔叶林生态区	Ⅳ1滇东北中山湿润常绿阔叶林生态亚区	Ⅳ1-2白水江、赤水河石灰岩峰丘农业生态功能区	威信县、镇雄县、彝良县北部地区以及盐津县南部,总面积3658.77平方千米	以岩溶峰丘地貌为主,年降水量1200~2000毫米。现存植被破坏类型以湿性常绿阔叶林的萌生灌丛为主。土壤类型主要是黄壤和石灰土,土层较薄	森林覆盖率极低,水土流失严重	石漠化中高度敏感	石灰岩岩溶丘地区的水土保持与生态农业建设	封山育林,增加森林面积,改变土地利用结构,防止石漠化,发展中药材产品的深加工
	Ⅳ2镇雄高原岩溶湿润常绿阔叶林生态亚区	Ⅳ2-1镇雄高原农业生态功能区	镇雄、彝良县的南部大部份地区,面积4254.80平方千米	以岩溶地貌为主,年降水量不过904毫米,仅存少量的常绿阔叶林,灌丛分布广泛,红壤和黄壤以土壤以红壤和黄壤为主	贫困,毁林开荒而导致的生态环境恶性循环	石漠化中高度敏感	石灰岩岩溶山地的生态农业建设	提高森林的数量和质量。实施以本地乡土树种为主的工程治理和生态治理,生态严重破坏地区实施生态移民,预防石漠化
Ⅴ青藏高原东南缘寒温性针叶林、草甸生态区	Ⅴ1德钦、中甸高山高原寒温性针叶林、灌丛草甸生态亚区	Ⅴ1-1怒山、云岭高山峡谷生物多样性保护生态功能区	德钦县、贡山、维西、香格里拉县部分地区,面积10189.41平方千米	以高山峡谷地貌为主,年降雨量仅为500~700毫米,山顶地区可达到1200毫米,植被以寒温性针叶林为主,山地植被和土壤垂直带显著	旅游带来的环境污染	生境极度和高度敏感	三江并流地区生物多样性和高山峡谷景观保护	保护三江并流的自然景观,削减矿业开发,水电建设和旅游业带来的环境污染和景观破坏
		Ⅴ1-2大雪山高山峡谷林业与水土保持生态功能区	香格里拉县的北部地区,面积6131.82平方千米	以高山峡谷地貌为主。年降水量700~1200毫米,山顶地区植被以寒温性针叶林为优势,土壤主要为棕壤、暗棕壤、棕色针叶林土、高山草甸土和高山荒漠土	过度放牧带来的草场退化,旅游带来的环境污染	生境高度敏感	滇西北地区的生态林业和生态旅游	保护森林,调整产业结构,防止水土流失,保护自然生态景观,防止生态旅游带来的污染

表2 云南省生态功能类型区

功能区类型	面积（平方千米）	占云南省面积比例（%）	三级功能区
农产品提供生态功能区	60109.59	15.71	Ⅰ1-1 澜沧江下游低山宽谷农业生态功能区 Ⅰ2-1 南拉河、南朗河低山河谷农业生态功能区 Ⅰ3-1 大盈江、南畹河下游中山丘陵农业生态功能区 Ⅱ2-1 怒江下游中山山原农业生态功能区 Ⅱ2-3 小黑江低山谷盆农业生态功能区 Ⅲ1-7 禄劝武定河谷盆地农业生态功能区 Ⅲ2-1 仁里河、程海湖盆中高山山原农业生态功能区 Ⅲ4-5 宣威岩溶峰丘农业生态功能区 Ⅳ2-1 镇雄岩溶高原农业生态功能区 Ⅳ1-2 白水江、赤水河石灰岩峰丘农业生态功能区 Ⅲ2-4 元谋龙川江干热河谷农业生态功能区
林产品提供生态功能区	66364.97	17.35	Ⅰ3-2 南汀河岩溶低山河谷林业与水土保持生态功能区 Ⅱ2-2 南汀河中山峡谷林业与水土保持生态功能区 Ⅱ3-3 景谷威远江中山河谷林业与水土保持生态功能区 Ⅱ3-4 阿墨江林业与水土保持生态功能区 Ⅱ4-3 新平撮科河中山山原水源涵养生态功能区 Ⅱ5-3 那马河、西洋河低山河谷林业水源涵养生态功能区 Ⅲ2-3 白草岭中山山原林业与水源涵养生态功能区 Ⅲ1-13 南盘江、清水江下游中山河谷林业生态功能区 Ⅲ3-4 宁蒗河高中山山原林业与水源涵养生态功能区 Ⅲ5-2 雪盘山高中山山原林业与水源涵养生态功能区 Ⅲ7-4 漾濞江中山河谷林业与水土保持生态功能区 Ⅴ1-2 大雪山高山峡谷林业与水土保持生态功能区
生物多样性保护生态功能区	56534.20	14.78	Ⅰ1-2 南腊河低山河谷生物多样性保护生态功能区 Ⅰ2-2 澜沧江下游低山宽谷生物多样性保护生态功能区 Ⅰ4-1 红河下游低山河谷生物多样性保护生态功能区 Ⅱ3-2 哀牢山、无量山下段生物多样性保护生态功能区 Ⅲ1-3 哀牢山、无量山生物多样性保护生态功能区 Ⅲ3-2 玉龙、香格里拉金沙江峡谷生物多样性保护生态功能区 Ⅲ6-1 怒江高山峡谷生物多样性保护生态功能区 Ⅲ7-1 腾冲熔岩火山自然景观保护区 Ⅲ7-2 高黎贡山、怒江河谷生物多样性保护生态功能区 Ⅴ1-1 怒山、云岭高山峡谷生物多样性保护生态功能区
水源涵养生态功能区	34132.34	8.92	Ⅱ4-1 锡欧河中山峡谷水源涵养生态功能区 Ⅱ5-1 南溪河、那么河水源涵养生态功能区 Ⅲ1-4 金沙江分水岭红岩山原水源涵养生态功能区 Ⅲ1-8 掌鸠河中山山原水源涵养生态功能区 Ⅲ1-10 牛栏江上游丘原盆地水源涵养生态功能区 Ⅲ1-14 富源、罗平岩溶中山水源涵养生态功能区 Ⅲ3-1 玉龙、香格里拉金沙江河谷水源涵养生态功能区 Ⅲ4-4 牛栏江、南盘江上游岩溶山原水源涵养生态功能区

(续)

功能区类型	面积（平方千米）	占云南省面积比例（%）	三级功能区
土壤保持生态功能区	120423.72	31.48	Ⅰ2-3 勐腊江城低山丘陵水土保持生态功能区 Ⅱ1-1 大盈江、龙川江上游水土保持生态功能区 Ⅱ3-1 澜沧江干流中山峡谷水土保持生态功能区 Ⅱ4-2 元江干热河谷水土保持与林业生态功能区 Ⅱ5-2 西畴、广南岩溶盆地水土保持生态功能区 Ⅲ1-2 礼社江中山河谷水土保持生态功能区 Ⅲ1-9 普渡河干流、小江上游水土保持生态功能区 Ⅲ2-2 金沙江中山峡谷水土保持生态功能区 Ⅲ4-1 牛栏江、金沙江高山峡谷水土保持生态功能区 Ⅲ4-3 以礼河、硝厂河高山深谷水土保持生态功能区 Ⅲ5-1 澜沧江高山峡谷水土保持生态功能区 Ⅲ3-3 宁蒗金沙江干流高山峡谷水土保持生态功能区 Ⅲ1-5 绿汁江河谷水土保持生态功能区 Ⅲ2-5 金沙江、小江高山峡谷水土保持生态功能区 Ⅲ7-3 澜沧江中游水土保持生态功能区 Ⅳ1-1 横江中山峡谷水土保持生态功能区 Ⅲ1-12 南盘江、甸溪河岩溶低山水土保持生态功能区 Ⅲ1-15 邱北、砚山岩溶盆地水土保持生态功能区
集镇与农业生态功能区	33449.76	8.74	Ⅱ3-5 普洱低山丘陵城镇与农业生态功能区 Ⅱ4-4 异龙湖、长桥海山原湖盆城镇与农业生态功能区 Ⅲ1-1 大理、楚雄山原盆地城镇与农业生态功能区 Ⅲ1-11 曲靖、陆良山原盆地城镇与农业生态功能区 Ⅲ4-2 昭通鲁甸山原盆地城镇与农业生态功能区
城市群生态功能区	11518.92	3.01	Ⅲ1-6 昆明、玉溪高原湖盆城镇生态功能区

表3 《森林生态系统长期定位观测指标体系》（GB/T 35377—2017）

指标体系	指标类别	观测指标	单位	观测频度
水文要素	水量	降水量	毫米	每次降水时观测
		降水强度		
		穿透水量		
		树干径流量		
		坡面径流量		
		壤中流量		
		地下径流量		
		枯枝落叶层含水量		至少每月1次
		森林蒸散量		连续观测
		地下水位	米	每月1次

（续）

指标体系	指标类别	观测指标	单位	观测频度
水文要素	水量	雪盖面积	公顷	每月1次
		冰川融雪水	毫米	
		流域产水量		每次降水时观测
		流域产沙量	吨	
	水质	pH值		每月1次
		色度	度	
		浊度		
		悬浮固体浓度	毫克/立方分米	每月1次
		碱度		
		溶解氧		
		化学需氧量		
		五日化学需氧量（COD_5）		
		生物化学需氧量		
		可溶性有机碳		
		总有机碳		
		可溶性有机氮		
		可溶性无机氮		
		电导率(TDS、总盐、密度)	微西门/厘米	
		氧化还原电位	毫伏	
		叶绿素、蓝绿藻	微克/立方分米	
		Ca^{2+}、Mg^{2+}、Na^+、CO_3^{2-}、HCO_3^-、SO_4^{2-}、NO_3^-、Cl^-、总P、总N	毫克/立方分米或微克/立方分米	无本地值，当年监测；有本底值后，每5年1次
		微量元素(硼、锰、钼、锌、铁、铜)		
		重金属元素（镉、铅、钼、铬、硒、砷、钛）		
森林土壤要素观测指标	土壤物理性质	母质母岩	定性描述	每5年1次
		土壤层次、厚度、颜色		
		土壤颗粒组成	%	
		土壤容重	克/立方厘米	

（续）

指标体系	指标类别	观测指标		单位	观测频度
森林土壤要素观测指标	土壤物理性质	土壤含水量		%	连续观测
		土壤饱和持水量		毫米	
		土壤田间持水量			
		土壤总孔隙度、毛管孔隙度及非毛管孔隙度		%	
		土壤入渗率		毫米/分钟	
		土壤导水率			
		土壤质地			
		土壤结构			
		土壤紧实度			
		风沙侵蚀量			每年1次
		土壤侵蚀模数			
		土壤侵蚀强度			
		土壤风沙侵蚀量			
		冻土基本性质	冻土分类		每5年1次
			冻土深度	米	
			粒度	微米	每年1次
			密度	克/立方厘米	
			冻土容重		
			冻土含水量	%	
			冻土中未冻水含量		
			冻胀率		
			冻土水势	千帕	
			导湿系数	厘米/秒	
			导热系数	瓦特/（米·开）	
			冻结温度	℃	
			融化温度		
			10厘米深度土壤温度		
			冻土活动层深度	米	

（续）

指标体系	指标类别	观测指标		单位	观测频度
森林土壤要素观测指标	土壤物理性质	冻土基本性质	多年冻土上限深度	米	每年1次
			最大季节冻结深度		
			最大季节融化深度		
			土壤冻结及解冻时间	年/月/日	
			季节性冻土深度及上下限深度	米	
		冻融侵蚀	侵蚀强度	级	
		雪的特性	雪被厚度	厘米	每月1次
			雪温度	℃	冬季连续观测
			雪/水当量	毫米	每月1次
			雪密度	克/立方厘米	
			太阳高度（计算雪反射率用）		冬季连续观测
			雪面反射率	%	每月1次
			雪粒直径	微米	每5年1次
			融雪期下渗量	毫米	融雪期每周1次
			融雪期渗透量		
			融雪期径流量	立方米	融雪期连续观测
	土壤化学性质	土壤pH值			每年1次
		土壤阳离子交换量		厘摩尔/千克	每5年1次
		土壤交换性钙和镁（盐碱土）			
		土壤交换性钾和钠			
		土壤交换性酸量（酸性土）			
		土壤交换性盐基总量			
		土壤碳酸盐量（盐碱土）			
		土壤有机质		%	

(续)

指标体系	指标类别	观测指标	单位	观测频度
森林土壤要素观测指标	土壤化学性质	土壤水溶性盐分（盐碱土中的全盐量，碳酸根和重碳酸根，硫酸根，氯根，钙离子，镁离子，钾离子．钠离子）	%，毫克/千克	每5年1次
		土壤全氮、水解氮、硝态氮、铵态氮		
		土壤氮素转化速率（氨化速率、硝化速率、反硝化速率）	毫克/(千克·年)	
		土壤全磷、有效磷	%，毫克/千克	
		土壤全钾、速效钾、缓效钾		
		土壤全镁、有效镁		
		土壤全钙、有效钙		
		土壤全硫、有效硫		
		土壤全硼、有效硼		
		土壤全锌、有效锌		
		土壤全锰、有效锰		
		土壤全钼、有效钼		
		土壤全铜、有效铜		
	土壤碳	枯落物碳储量	吨/公顷	每5年1次
		土壤有机碳组分（活性碳、惰性碳、缓效碳含量）	%或克/千克	
		土壤有机碳密度	千克/平方米	
		土壤有机碳储量	吨/公顷	
		土壤无机碳储量		
		土壤年固碳量		
	土壤呼吸	土壤总呼吸量	克/（平方米·年）	连续观测
		土壤动物总呼吸量		
		微生物呼吸量		
		植物根系呼吸量		
	土壤温室气体通量	CO_2、CH_4、N_2O、CHF_3、$C_2H_2F_4$、$C_2H_4F_2$、CF_4、C_2F_6、SF_6等	克/摩尔	

(续)

指标体系	指标类别	观测指标	单位	观测频度
森林土壤要素观测指标	土壤酶活性	土壤脲酶活性	毫克/（千克·小时）	每5年1次
		土壤磷酸酶活性	毫克	
		土壤蔗糖酶活性		
		土壤多酚氧化酶活性	毫升	
		土壤过氧化氢酶活性		
	土壤动物	土壤动物种类和数量	个/平方米	
	土壤微生物	土壤微生物种类和数量	个/克	
		土壤微生物生物量碳	毫克/千克	
		土壤微生物生物量氮		
	凋落物	厚度	毫米	每年1次
		储量（包括粗木质残体储量）	千克/公顷	
		林地当年凋落量		
		分解速率		
		非正常凋落量	千克/（公顷·次）	热带气旋和异常的冰雪灾害影响前后观测
森林气象要素观测指标	天气现象	云量、风、雨、雪、雷电、沙尘、雾、霾、能见度		每日1次
	天气现象	气压	帕	
	灾害天气	干旱、暴雨、冰雹、龙卷风、雨雪冰冻、霜冻、沙尘暴		
	风	林冠以上3米处风速	米/秒	连续观测
		林冠以上3米处风向（E、S、W、N、SE、NE、SW、NW）	°	
	空气温湿度	最低温度	℃	每日1次
		最高温度		
		定时温度		
		相对湿度	%	
	土壤温湿度	地表定时温度	℃	连续观测
		地表最低温度		

（续）

指标体系	指标类别	观测指标	单位	观测频度
森林气象要素观测指标	土壤温湿度	地表最高温度	℃，%	连续观测
		5厘米深度土壤温湿度		
		10厘米深度土壤温湿度		
		20厘米深度土壤温湿度		
		40厘米深度土壤温湿度		
		80厘米深度土壤温湿度		
	辐射	总辐射量	兆焦/平方米 瓦/平方米	
		净辐射量		
		分光辐射		
		UVA\UVB辐射量		
		长波辐射量		
		光合有效辐射量		
		日照时数	小时	每日1次
	降水	降水总量	毫米	连续观测
		降水强度	毫米/小时	
	水面蒸发	蒸发量	毫米	每日1次
	干燥程度	干燥度（干燥指数）		每年1次
森林小气候梯度要素观测指标	天气现象	气压	帕	连续观测
	风速和风向	冠层上3米处风向	°	
		地被层处风向		
		冠层上3米处风速	米/秒	
		距地面1.5米处风速		
		冠层中部风速		
		地被层处风速		
	空气温湿度	冠层上3米处温湿度	℃，%	
		冠层中部温湿度		
		距地面1.5米处温湿度		
		地被层处温湿度		
	树干温度	胸径处（1.3米）温度	℃	
	土壤温湿度	地表温度		

(续)

指标体系	指标类别	观测指标	单位	观测频度
森林小气候梯度要素观测指标	土壤温湿度	5厘米深度土壤温湿度	℃，%	连续观测
		10厘米深度土壤温湿度		
		20厘米深度土壤温湿度		
		40厘米深度土壤温湿度		
		80厘米深度土壤温湿度		
	辐射量	总辐射量	兆焦/平方米 瓦/平方米	
		净辐射量		
		直接辐射		
		反射辐射		
		紫外辐射		
		光合有效辐射		
		光照时数	小时	每日1次
	土壤热通量	5厘米处土壤热通量	瓦/平方米	连续观测
		10厘米处土壤热通量		
	降水量	林内降水量	毫米	
	痕量气体	CO、N_2O、SO_2、O_3、CH_4、NO、NO_x、NH_3、H_2S	毫克/立方米	
微气象碳通量观测指标	风速	X轴水平风速	米/秒	连续观测
		Y轴水平风速		
		Z轴垂直风速		
	温度	脉动温度	℃	
	水汽浓度	水汽浓度	克/立方米	
	CO_2浓度	CO_2浓度	毫克/立方米	
	CO_2垂直通量	CO_2垂直通量	毫克/（平方米·秒）	
大气沉降观测指标	大气降尘	大气降尘总量	吨/平方千米	连续观测

(续)

(续)

指标体系	指标类别	观测指标	单位	观测频度
大气沉降观测指标	大气干沉降	大气降尘组分	非水溶性物质、非水溶性物质的灰分、非水溶性可燃物质、水溶性物质、水溶性物质灰分、水溶性可燃物质、苯溶性物质、灰分重量、可燃性物质总量、pH值、硫化物、硫酸盐和氯化物含量、固体污染物总量等	毫克/平方米	连续观测
		大气降尘元素浓度	Cu、Zn、Se、As、Hg、Cd、Cr（六价）、Pb、Ca、Mg、Na、K、N	毫克/升	
	大气湿沉降	大气湿沉降通量	千克/公顷	每次降水时观测
		元素浓度	总N、NH4+-N、总P、Cu、Zn、Se、As、Hg、Cd、Cr（六价）、Pb、硫化物、硫酸盐、氯化物、Ca、Mg、Na、K	毫克/升	
		电导率	西门子/厘米	
		pH值		
森林调控环境空气质量功能观测指标	森林环境空气质量	TSP、PM$_{10}$、PM$_{2.5}$	微克/立方米	连续观测
		N$_x$O(NO、NO$_2$)		
		SO$_2$	毫克/立方米	
		O$_3$		
		CO		
		浓度	个/立方厘米	

(续)

（续）

指标体系	指标类别	观测指标		单位	观测频度
森林调控环境空气质量功能观测指标	植被吸附滞纳颗粒物量	单位叶面积吸附滞纳量	TSP、PM_{10}、$PM_{2.5}$	微克/立方米	按照物候期观测
		1公顷林地吸附滞纳量		克/公顷	
	植被吸附氮氧化物量	$N_xO(NO、NO_2)$		千克/公顷	每5年1次
	植被吸附二氧化硫量	SO_2			
	植被吸附氟化物量	HF			
	植被吸附重金属量	镉（Cd）、汞（Hg）、银（Ag）、铜（Cu）、钡（Ba）、铅（Pb）、砷（Se）		克/千克	
森林群落学特征观测指标	森林群落主要成分	起源			只观测1次
		乔木	林龄	年	每5年1次
			种名		
			树高	米	
			胸径	厘米	
			坐标	米	
			编号		
			密度	株/公顷	
			郁闭度	%	
			枝下高	米	
			冠幅（东西、南北）		
			立木状况		
			叶面积指数		
		灌木	种名		
			株树/丛数		
			平均基径	厘米	
			盖度		
			多度	%	
			生长状况		
			分布状况		

（续）

(续)

指标体系	指标类别	观测指标		单位	观测频度
森林群落学特征观测指标	森林群落主要成分	幼苗和幼树	种名		每5年1次
			密度	株/公顷	
			高度	厘米	
			基径		
			生长状况		
		藤本	种名		
			藤高	厘米	
			蔓数		
			基径	厘米	
		附（寄）生植物	种名		
			数量		
	森林群落乔木层生长量和林木生长量	树高年生长量		米	
		胸径年生长量		厘米	
		乔木层各器官（干、枝、叶、果、化、根）的生物量		千克/公顷	
		灌木层、草本层地上和地下部分生物量			
	根系	根系长度		厘米	
		根系直径			
		根系年生长量和年死亡量		毫米/（平方厘米·年）	每年1次
	森林群落的养分	碳、氮、磷、钾、铁、锰、铜、钙、镁、镉、铂		千克/公顷	
	植被碳储量	乔木层碳储量		吨/公顷	每5年1次
		灌木层碳储量			
		藤本植物碳储量			
		凋落物碳储量			
森林动物资源观测指标	昆虫	种类			每5年1次
		数量		只	
		栖居生境及质量			
	鸟类	种类			
		数量		只	
		性别			

(续)

（续）

指标体系	指标类别	观测指标		单位	观测频度
森林动物资源观测指标	两栖类	种类			每5年1次
		成体			
		幼体			
		卵			
		数量		只/个	
		生境状况			
	兽类	实体	种类		
			数量	只	
			性别		
		痕迹	类别		
			数量	处	
	能量代谢	CO_2排放量		毫克/（克·分钟）	
		O_2消耗量			
竹林生态系统观测指标	竹林	种类			每年1次
		竹龄		年	
		胸径		厘米	
		竹高		米	
		冠幅（E-W、N-S）			
		郁闭度		%	
	灌木	按照森林群落学特征观测指标执行			
	草本				
	竹笋	竹笋高20米时地径		厘米	每年1次
		出笋数		个/公顷	
		成竹率		%	
		退笋笋重		吨/公顷	
		展枝高度		米	
其他观测指标	病虫害的发生与危害	有害昆虫与天敌的种类			
		受到有害昆虫危害的植株			
		占总植株的百分率		%	
		有害昆虫的植株虫口密度和森林受害面积		个/公顷，公顷	

（续）

（续）

指标体系	指标类别	观测指标	单位	观测频度
其他观测指标	病虫害的发生与危害	植物受感染的菌类种类受到菌类感染的植株占总植株的百分率	%	每年1次
		受到菌类感染的森林面积	公顷	
	森林鼠害的发生与危害	鼠口密度和发生面积	只/公顷，公顷	
	土壤沙化和盐渍化	土壤沙化面积	平方千米	
		土壤沙化程度	级	
		土壤盐渍化面积	平方千米	
		土壤盐渍化程度	级	
	与森林有关的灾害的发生情况	森林流域每年发生洪水、泥石流的次数和危害程度以及森林发生其他灾害的时间和程度，包括冻害、雪害、风害、干旱、火灾等		每年1次
	生物多样性	国家或地方保护动植物的种类、数量		每5年1次
		珍稀濒危物种种类、濒危等级及数量（珍稀濒危指数）		
		地方特有物种的种类、数量（特有种指数）		
		动植物编目、数量		
		生物多样性指数(Shannon-Wiener index)		
		古树年龄等级（古树年龄指数）		
	人为干扰状况	人为干扰面积	公顷	每年1次
		人为干扰强度	级	
	年轮	年轮宽度、早材宽度、晚材宽度	毫米	每5年1次
		早材密度、晚材密度、年轮密度、最大年轮密度、最小年轮密度、早材晚材界线密度	克/立方厘米	
	稳定同位素	^{13}C丰度值(^{13}C)、^{15}N丰度值(^{15}N)、^{18}O丰度值(^{18}O)、D丰度值(D)、^{2}H丰度值(^{2}H)	%	

（续）

(续)

指标体系	指标类别	观测指标		单位	观测频度
其他观测指标	物候	乔木和灌木	树液流动开始日期、芽膨大开始日期、芽开放期、展叶期、花蕾或花序出现期、开花期、果实或种子成熟期、果实或种子脱落期、新梢生长期、叶变色期、落叶期	年/月/日	连续观测
		草本植物	萌芽期/返青期（萌动期）、展叶期、分蘖期拔节期抽穗期、现蕾期、开花期、结荚期、二次或多次开花期、成熟期、种子散布期、黄枯期		
		气象	初终霜、初终雪、严寒开始、水面结冰、土壤表面冻结、河上厚冰出现、气象河流封冻、土壤表面解冻、春季解冻、河流春季流水、雷声、闪电、虹及植物遭受自然灾害		

(续)

附 件

中国森林生态系统服务评估及其价值化实现路径设计

王兵　牛香　宋庆丰

摘　要　森林生态系统在山水林田湖草生命共同体中占据着重要位置，作为陆地生态系统的主要组成部分，其在物质循环、能量流动和信息传递方面作用巨大，森林生态系统服务评估是量化这种作用的必要手段。通过构建森林生态连清技术体系，在系列国家标准的规范下，进行多源数据的耦合，利用分布式测算方法，得出森林生态系统服务评估结果。同时，列举了多时空尺度的森林生态系统服务评估研究取得的成果，用翔实的数据量化了"绿水青山就是金山银山"。最后，根据森林生态系统服务评估典型案例，开展了生态系统服务价值化实现路径设计研究，以期为"绿水青山"向"金山银山"转化提供了具体范式。

关键词　森林生态连清体系；分布式测算方法；价值化实现路径；功能与服务转化率

习近平总书记在《关于〈中共中央关于全面深化改革若干重大问题的决定〉的说明》中提到山水林田湖是一个生命共同体，人的命脉在田，田的命脉在水，水的命脉在山，山的命脉在土，土的命脉在树。由此可以看出，森林高居山水林田湖生命共同体的顶端，在2500年前的《贝叶经》中也把森林放在了人类生存环境的最高位置，即：有林才有水，有水才有田，有田才有粮，有粮才有人。森林生态系统是维护地球生态平衡最主要的一个生态系统，在物质循环、能量流动和信息传递方面起到了至关重要的作用。特别是森林生态系统服务发挥的"绿色水库""绿色碳库""净化环境氧吧库"和"生物多样性基因库"四个生态库功能，为经济社会的健康发展尤其是人类福祉的普惠提升提供了生态产品保障。目前，如何核算森林生态功能与其服务的转化率以及价值化实现，并为其生态产品设计出科学可行的实现路径，正是当今研究的重点和热点。本文将基于大量的森林生态系统服务评估实践，开展价值化实现路径设计研究，为"绿水青山"向"金山银山"转化提供可复制、可推广的范式。

森林生态系统服务评估技术体系

利用森林生态系统连续观测与清查体系（以下简称"森林生态连清体系"，图1），基于以中华人民共和国国家标准为主体的森林生态系统服务监测评估标准体系，获取森林资源数据和森林生态连清数据，再辅以社会公共数据进行多数据源耦合，按照分布式测算方法，开展森林生态系统服务评估。

森林生态连清技术体系

森林生态连清体系是以生态地理区划为单位，以国家现有森林生态站为依托，采用长期定位观测技术和分布式测算方法，定期对同一森林生态系统进行重复的全指标体系观测与清查的技术。它可以配合国家森林资源连续清查（以下简称"森林资源连清"），形成国家森林资源清查综合调查新体系，用以评价一定时期内森林生态系统的质量状况。森林生态连清体系将森林资源清查、生态参数观测调查、指标体系和价值评估方法集于一套框架中，即通过合理布局来制定实现评估区域森林生态系统特征的代表性，又通过标准体系来规范从观测、分析、测算评估等各阶段工作。这一套体系是在耦合森林资源数据、生态连清数据和社会经济价格数据的基础上，在统一规范的框架下完成对森林生态系统服务功能的评估。

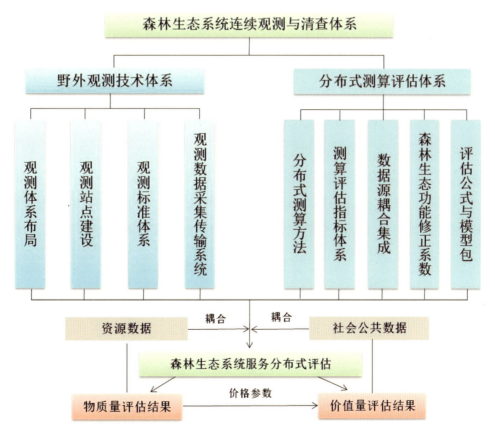

图1　森林生态系统服务连续观测与清查体系框架

评估数据源的耦合集成

第一,森林资源连清数据。依据《森林资源连续清查技术规程》(GB/T 38590—2020),从森林资源自身生长、分布规律和特点出发,结合我国国情、林情和森林资源管理特点,采用抽样调查技术和以"3S"技术为核心的现代信息技术,以省份为控制总体,通过固定样地设置和定期实测的方法,以及国家林业和草原局对不同省份具体时间安排,定期对森林资源调查所涉及到的所有指标进行清查。目前,全国已经开展了9次全国森林资源清查。

第二,森林生态连清数据。依据《森林生态系统定位观测指标体系》(GB/T 35377—2017)和《森林生态系统长期定位观测方法》(GB/T 33027—2016),来自全国森林生态站、辅助观测点和大量固定样地的长期监测数据。森林生态站监测网络布局是以典型抽样为指导思想,以全国水热分布和森林立地情况为布局基础,辅以重点生态功能区和生物多样性优先保护区,选择具有典型性、代表性和层次性明显的区域完成森林生态网络布局。

第三,社会公共数据。社会公共数据来源于我国权威机构所公布的社会公共数据,包括《中国水利年鉴》《中华人民共和国水利部水利建筑工程预算定额》、中国农业信息网(http://www.agri.gov.cn/)、卫生部网站(http://wsb.moh.gov.cn/)、《中华人民共和国环境保护税法》中的《环境保护税税目税额表》。

标准体系

由于森林生态系统长期定位观测涉及不同气候带、不同区域,范围广、类型多、领域多、影响因素复杂,这就要求在构建森林生态系统长期定位观测标准体系时,应综合考虑各方面因素,紧扣林业生产的最新需求和科研进展,既要符合当前森林生态系统长期定位观测研究需求,又具有良好的扩充和发展的弹性。通过长期定位观测研究经验的积累,并借鉴国内外先进的野外观测理念,构建了包括三项国家标准(GB/T 33027—2016、GB/T 35377—2017和GB/T 38582—2020)在内的森林生态系统长期定位观测标准体系(图2),涵盖观测站建设、观测指标、观测方法、数据管理、数据应用等方面,确保了各生态站所提供生态观测数据的准确性和可比性,提升了生态观测网络标准化建设和联网观测研究能力。

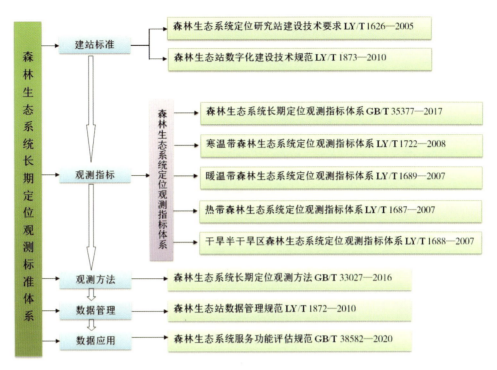

图 2　森林生态系统长期定位观测标准体系

分布式测算方法

森林生态系统服务评估是一项非常庞大、复杂的系统工程，很适合划分成多个均质化的生态测算单元开展评估。因此，分布式测算方法是目前评估森林生态系统服务所采用的一种较为科学有效的方法，通过诸多森林生态系统服务功能评估案例也证实了分布式测算方法能够保证结果的准确性及可靠性。

分布式测算方法的具体思路如下：第一，将全国（香港、澳门、台湾除外）按照省级行政区划分为第 1 级测算单元；第二，在每个第 1 级测算单元中按照林分类型划分成第 2 级测算单元；第三，在每个第 2 级测算单元中，再按照起源分为天然林和人工林第 3 级测算单元；第四，在每个第 3 级测算单元中，再按照林龄组划分为幼龄林、中龄林、近熟林、成熟林、过熟林第 4 级测算单元，结合不同立地条件的对比观测，最终确定若干个相对均质化的森林生态连清数据汇总单元。

基于生态系统尺度的定位实测数据，运用遥感反演、模型模拟（如 IBIS—集成生物圈模型）等技术手段，进行由点到面的数据尺度转换。将点上实测数据转换至面上测算数据，即可得到森林生态连清汇总单元的测算数据，将以上均质化的单元数据累加的结果即为汇总结果。

多尺度多目标森林生态系统服务评估实践

全国尺度森林生态系统服务评估实践

在全国尺度上,以全国历次森林资源清查数据和森林生态连清数据(森林生态站、生态效益监测点以及1万余个固定样地的长期监测数据)为基础,利用分布式测算方法,开展了全国森林生态系统服务评估。其中,2009年11月17日,基于第七次全国森林资源清查数据的森林生态系统服务评估结果公布,全国生态服务功能价值量为10.01万亿元/年;2014年10月22日,原国家林业局和国家统计局联合公布了第二期(第八次森林资源清查数据)全国森林生态系统服务评估总价值量为12.68万亿元/年;最新一期(第九次森林资源清查)全国森林生态系统服务评估总价值量为15.88万亿元/年。《中国森林资源及其生态功能四十年监测与评估》研究结果表明:近40年间,我国森林生态功能显著增强,其中,固碳量、释氧量和吸收污染气体量实现了倍增,其他各项功能增长幅度也均在70%以上。

省域尺度森林生态系统服务评估实践

在全国选择60个省级及代表性地市、林区等开展森林生态系统服务评估实践,评估结果以"中国森林生态系统连续观测与清查及绿色核算"系列丛书的形式向社会公布。该丛书包括了我国省级及以下尺度的森林生态连清及价值评估的重要成果,展示了森林生态连清在我国的发展过程及其应用案例,加快了森林生态连清的推广和普及,使人们更加深入地了解了森林生态连清体系在当代生态文明中的重要作用,并把"绿水青山价值多少金山银山"这本账算得清清楚楚。

省级尺度上,如安徽卷研究结果显示,安徽省森林生态系统服务总价值为4804.79亿元/年,相当于2012年安徽省GDP(20849亿元)的23.05%,每公顷森林提供的价值平均为9.60万元/年。代表性地市尺度上,如在呼伦贝尔国际绿色发展大会上公布的2014年呼伦贝尔市森林生态系统服务功能总价值量为6870.46亿元,相当于该市当年GDP的4.51倍。

林业生态工程监测评估国家报告

基于森林生态连清体系,开展了我国林业重大生态工程生态效益的监测评估工作,包括:退耕还林(草)工程和天然林资源保护工程。退耕还林(草)工程共开展了5期监测评估工作,分别针对退耕还林6个重点监测省份、长江和黄河流域中上游退耕还林工程、北方沙化土地的退耕还林工程、退耕还林工程全国实施范围、集中连片特困地区退耕还林工程开展了工程生态效益、社会效益和经济效益的耦合评估。针对天然林资源保护工程,分别在东北、内蒙古重点国有林区[18]和黄河流域上中游地区开展了2期天然林资源保护工程效益监测评估工作。

森林生态系统服务价值化实现路径设计

生态产品价值实现的实质就是生态产品的使用价值转化为交换价值的过程,张林波等在国内外生态文明建设实践调研的基础上,从生态产品使用价值的交换主体、交换载体、交换机制等角度,归纳形成8大类和22小类生态产品价值实现的实践模式或路径。结合森林生态系统服务评估实践,我们将9项功能类别与8大类实现路径建立了功能与服务转化率高低和价值化实现路径可行性的大小关系(图3)。生态系统服务价值化实现路径可分为就地实现和迁地实现。就地实现为在生态系统服务产生区域内完成价值化实现,例如,固碳释氧、净化大气环境等生态功能价值化实现;迁地实现为在生态系统服务产生区域之外完成价值化实现,例如,大江大河上游森林生态系统涵养水源功能的价值化实现需要在中、下中游予以体现。基于建立的功能与服务转化率高低和价值化实现路径可行性的大小关系,以具体研究案例进行生态系统服务价值化实现路径设计,具体研究内容如下:

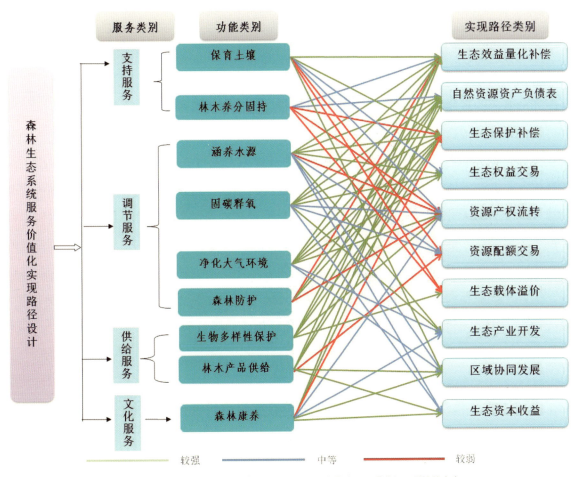

不同颜色代表了功能与服务转化率的高低和价值化实现路径可行性的大小

图3 森林生态系统服务价值化实现路径设计

森林生态效益精准量化补偿实现路径

森林生态效益科学量化补偿是基于人类发展指数的多功能定量化补偿，结合了森林生态系统服务和人类福祉的其他相关关系，并符合不同行政单元财政支付能力的一种对森林生态系统服务提供者给予的奖励。探索开展生态产品价值计量，推动横向生态补偿逐步由单一生态要素向多生态要素转变，丰富生态补偿方式，加快探索"绿水青山就是金山银山"的多种现实转化路径。

例如，内蒙古大兴安岭林区森林生态系统服务功能评估，利用人类发展指数，从森林生态效益多功能定量化补偿方面进行了研究，计算得出森林生态效益定量化补偿系数、财政相对能力补偿指数、补偿总量及补偿额度。结果表明：森林生态效益多功能生态效益补偿额度为15.52元/（亩·年），为政策性补偿额度（平均每年每亩5元）的3倍。由于不同优势树种（组）的生态系统服务存在差异，在生态效益补偿上也应体现出差别，经计算得出：主要优势树种（组）生态效益补偿分配系数介于0.07%～46.10%，补偿额度最高的为枫桦303.53元/公顷，其次为其他硬阔类299.94元/公顷。

自然资源资产负债表编制实现路径

目前，我国正大力推进的自然资源资产负债表编制工作，这是政府对资源节约利用和生态环境保护的重要决策。根据国内外研究成果，自然资源资产负债表包括3个账户，分别为一般资产账户、森林资源资产账户和森林生态系统服务账户。

例如，内蒙古自治区在探索编制负债表的进程中，先行先试，率先突破，探索出了编制森林资源资产负债表的可贵路径，使国家建立这项制度、科学评价领导干部任期内的生态政绩和问责成为了可能。内蒙古自治区为客观反映森林资源资产的变化，编制负债表时以翁牛特旗高家梁乡、桥头镇和亿合公镇3个林场为试点创新性地分别设立了3个账户，即一般资产账户、森林资源资产账户和森林生态系统服务账户，还创新了财务管理系统管理森林资源，使资产、负债和所有者权益的恒等关系一目了然。3个林场的自然资源价值量分别为：5.4亿元、4.9亿元和4.3亿元，其中，3个试点林场生态服务服务总价值为11.2亿元，林地和林木的总价值为3.4亿元。

退耕还林工程生态环境保护补偿与生态载体溢价价值化实现路径

退耕还林工程就是从保护生态环境出发，将水土流失严重的耕地，沙化、盐碱化、石漠化严重的耕地以及粮食产量低而不稳的耕地，有计划、有步骤地停止耕种，因地制宜地造林种草，恢复植被。集中连片特困区的退耕还林工程既是生态修复的"主战场"，也是国家扶贫攻坚的"主战场"。退耕还林作为"生态扶贫"的重要内容和林业扶贫"四个精准"举措之一，在全面打赢脱贫攻坚战中承担了重要职责，发挥了重要作用。经评估得出：退耕还林工程在集中连片特困区产生了明显的社会和经济效益。

1.退耕还林工程生态保护补偿价值化实现路径

生态保护补偿狭义上是指政府或相关组织机构从社会公共利益出发向生产供给公共性生态产品的区域或生态资源产权人支付的生态保护劳动价值或限制发展机会成本的行为,是公共性生态产品最基本、最基础的经济价值实现手段。

退耕还林工程实施以来,退耕农户从政策补助中户均直接收益9800多元,占退耕农民人均纯收入的10%,宁夏一些县级行政区达到了45%以上。截至2017年年底,集中连片特困地区的341个被监测县级行政区共有1108.31万个农户家庭参与了退耕还林工程,占这些地方农户总数的30.54%,农户参与数分别为1998年和2007年的369倍和2.50倍,所占比重分别比1998年和2007年上升了23.32个百分点和14.42个百分点。黄河流域的六盘山区和吕梁山区属于集中连片特困地区,参与退耕还林工程的农户数分别为16.69万户和31.50万户,参与率分别为20.92%和38.16%。通过政策性补助的方式,提升了参与农户的收入水平。

2.退耕还林工程生态产品溢价价值化实现路径

一是以林脱贫的长效机制开始建立。新一轮退耕还林工程不限定生态林和经济林比例,农户根据自己意愿选择树种,这有利于实现生态建设与产业建设协调发展,生态扶贫和精准扶贫齐头并进,以增绿促增收,奠定了农民以林脱贫的资源基础。据监测结果显示,样本户的退耕林木有六成以上已成林,且90%以上长势良好,三成以上的农户退耕地上有收入。甘肃省康县平洛镇瓦舍村是建档立卡贫困村,2005年通过退耕还林种植530亩核桃,现在每株可挂果8千克,每亩收入可达2000元,贫困户人均增收2200元。

二是实现了绿岗就业。首先,实现了农民以林就业,2017年样本县农民在退耕林地上的林业就业率为8.01%,比2013年增加了2.26个百分点。自2016年开始,中央财政安排20亿元购买生态服务,聘用建档立卡贫困群众为生态护林员。一些地方政府把退耕还林工程与生态护林员政策相结合,通过购买劳务的方式,将一批符合条件的贫困退耕人口转化为生态护林员,并积极开发公益岗位,促进退耕农民就业。

三是培育了地区新的经济增长点。第一,林下经济快速发展。2017年,集中连片特困地区监测县在退耕地上发展的林下种植和林下养殖产值分别达到434.3亿元和690.1亿元,分别比2007年增加了3.37倍和5.36倍。宁夏回族自治区彭阳县借助退耕还林工程建设,大力发展林下生态鸡,探索出"合作社+农户+基地"的模式,建立产销一条龙的机制,直接经济收入达到了4000万元。第二,中药材和干鲜果品发展成绩突出。2017年,集中连片特困地区监测县在退耕地上种植的中药材和干鲜果品的产量分别为34.4万吨和225.2万吨,与2007年相比,在退耕地上发展的中药材增长了5.97倍,干鲜果品增长了5.54倍。第三,森林旅游迅猛发展。2017年集中连片特困地区监测县的森林旅游人次达到了4.8亿人次,收入达到了3471亿元,是2007年的4倍、1998年的54倍。

绿色水库功能区域协同发展价值化实现路径

区域协同发展是指公共性生态产品的受益区域与供给区域之间通过经济、社会或科技等方面合作实现生态产品价值的模式,是有效实现重点生态功能区主体功能定位的重要模式,是发挥中国特色社会主义制度优势的发力点。

潮白河发源于河北省承德市丰宁县和张家口市沽源县,经密云水库的泄水分两股进入潮白河系,一股供天津生活用水;一股流入北京市区,是北京重要水源之一。根据《北京市水资源公报(2015)》,北京市 2015 年对潮白河的截流量为 2.21 亿立方米,占北京当年用水量(38.2 亿立方米)的 5.79%。同年,张承地区潮白河流域森林涵养水源的"绿色水库功能"为 5.28 亿立方米,北京市实际利用潮白河流域森林涵养水源量占其"绿色水库功能"的 41.83%。

滦河发源地位于燕山山脉的西北部,向西北流经沽源县,经内蒙古自治区正蓝旗转向东南又进入河北省丰宁县。河流蜿蜒于峡谷之间,至潘家口越长城,经罗家屯龟口峡谷入冀东平原,最终注入渤海。根据《天津市水资源公报(2015)》,2015 年,天津市引滦调水量为 4.51 亿立方米,占天津市当年用水量(23.37 亿立方米)的 19.30%。同年,张承地区滦河流域森林涵养水源的"绿色水库功能"为 25.31 亿立方米/年,则天津市引滦调水量占其滦河流域森林"绿色水库功能"的 17.81%。

作为京津地区的生态屏障,张承地区森林生态系统对京津地区水资源安全起到了非常重要的作用。森林涵养的水源通过潮白河、滦河等河流进入京津地区,缓解了京津地区水资源压力。京津地区作为水资源生态产品的下游受益区,应该在下游受益区建立京津—张承协作共建产业园,这种异地协同发展模式不仅保障了上游水资源生态产品的持续供给,同时为上游地区提供了资金和财政收入,有效地减少了上游地区土地开发强度和人口规模,实现了上游重点生态功能区定位。

净化水质功能资源产权流转价值化实现路径

资源产权流转模式是指具有明确产权的生态资源通过所有权、使用权、经营权、收益权等产权流转实现生态产品价值增值的过程,实现价值的生态产品既可以是公共性生态产品,也可以是经营性生态产品。

在全面停止天然林商业性采伐后,吉林省长白山森工集团面临着巨大的转型压力,但其森林生态系统服务是巨大的,尤其是在净化水质方面,其优质的水资源已经被人们所关注。森工集团天然林年涵养水源量为 48.75 亿立方米/年,这部分水资源大部分会以地表径流的方式流出森林生态系统,其余的以入渗的方式补给了地下水,之后再以泉水的方式涌出地表,成为优质的水资源。农夫山泉在全国有 7 个水源地,其中之一便位于吉林长白山。吉林长白山森工集团有自有的矿泉水品牌——泉阳泉,水源也全部来自于长白山。

根据"农夫山泉吉林长白山有限公司年产99.88万吨饮用天然水生产线扩建项目"环评报告（2015年12月），该地扩建之前年生产饮用矿泉水80.12万吨，扩建之后将会达到99.88万吨/年，按照市场上最为常见的农夫山泉瓶装水（550毫升）的销售价格（1.5元），将会产生27.24亿元/年的产值。"吉林森工集团泉阳泉饮品有限公司"官方网站数据显示，其年生产饮用矿泉水量为200万吨，按照市场上最为常见的泉阳泉瓶装水（600毫升）的销售价格（1.5元），年产值将会达到50.00亿元。由于这些产品绝大部分是在长白山地区以外实现的价值，则其价值化实现路径属于迁地实现。

农夫山泉和泉阳泉年均灌装矿泉水量为299.88万吨，仅占长白山林区多年平均地下水天然补给量的0.41%，经济效益就达到了81.79亿元/年。这种以资源产权流转模式的价值化实现路径，能够进一步推进森林资源的优化管理，也利于生态保护目标的实现。

绿色碳库功能生态权益交易价值化实现路径

森林生态系统是通过植被的光合作用，吸收空气中的二氧化碳，进而开始了一系列生物学过程，释放氧气的同时，还产生了大量的负氧离子、萜烯类物质和芬多精等，提升了森林空气环境质量。生态权益交易是指生产消费关系较为明确的生态系统服务权益、污染排放权益和资源开发权益的产权人和受益人之间直接通过一定程度的市场化机制实现生态产品价值的模式，是公共性生态产品在满足特定条件成为生态商品后直接通过市场化机制方式实现价值的唯一模式，是相对完善成熟的公共性生态产品直接市场交易机制，相当于传统的环境权益交易和国外生态系统服务付费实践的合集。

森林生态系统通过"绿色碳汇"功能吸收固定空气中的二氧化碳，起到了弹性减排的作用，减轻了工业减排的压力。通过测算可知广西壮族自治区森林生态系统固定二氧化碳量为1.79亿吨/年，但其同期工业二氧化碳排放量为1.55亿吨，所以，广西壮族自治区工业排放的二氧化碳完全可以被森林所吸收，其生态系统服务转化率达到了100%，实现了二氧化碳零排放，固碳功能价值化实现路径则为完成了就地实现路径，功能与服务转化率达到了100%。而其他多余的森林碳汇量则为华南地区的周边地区提供了碳汇功能，比如广东省。这样，两省（区）之间就可以实现优势互补。因此，广西壮族自治区森林在华南地区起到了绿色碳库的作用。广西壮族自治区政府可以采用生态权益交易中污染排放权益模式，将森林生态系统"绿色碳库"功能以碳封存的方式放到市场上交易，用于企业的碳排放权购买。利用工业手段捕集二氧化碳过程成本200~300元/吨，那么广西壮族自治区森林生态系统"绿色碳库"功能价值量将达到358亿~537亿元/年。

森林康养功能生态产业开发价值化实现路径

生态产业开发是经营性生态产品通过市场机制实现交换价值的模式，是生态资源作为生产要素投入经济生产活动的生态产业化过程，是市场化程度最高的生态产品价值实现方式。生态产业开发的关键是如何认识和发现生态资源的独特经济价值，如何开发经营品牌提高产品的"生态"溢价率和附加值。

"森林康养"就是利用特定森林环境、生态资源及产品，配备相应的养生休闲及医疗、康体服务设施，开展以修身养心、调适机能、延缓衰老为目的的森林游憩、度假、疗养、保健、休闲、养老等活动的统称。

从森林生态系统长期定位研究的视角切入，与生态康养相融合，开展的五大连池森林氧吧监测与生态康养研究，依照景点位置、植被典型性、生态环境质量等因素，将五大连池风景区划分为5个一级生态康养功能区划，分别为氧吧—泉水—地磁生态康养功能区、氧吧—泉水生态康养功能区、氧吧—地磁生态康养功能区、氧吧生态康养功能区和生态休闲区，其中氧吧—泉水—地磁生态康养功能区和氧吧—地磁生态康养功能区所占面积较大，占区域总面积的56.93%，氧吧—泉水—地磁生态康养功能区所包含的药泉、卧虎山、药泉山和格拉球山等景区。

2017年，五大连池风景区接待游客163万人次，接纳国内外康疗和养老人员25万人次，占旅游总人数的15.34%，由于地理位置优势，俄罗斯康疗和养老人员9万人次，占康疗和养老人数的36%。有调查表明，37%的俄罗斯游客有4次以上到五大连池疗养的体验，这些重游的俄罗斯游客不仅自己会多次来到五大连池，还会将五大连池宣传介绍给亲朋好友，带来更多的游客，有75%的俄罗斯游客到五大连池旅游的主要目的是为了医疗养生，可见五大连池吸引俄罗斯游客的还是医疗养生。

五大连池景区管委会应当利用生态产业开发模式，以生态康养功能区划为目标，充分利用氧吧、泉水、地磁等独特资源，大力推进五大连池森林生态康养产业的发展，开发经营品牌提高产品的"生态"溢价率和附加值。

沿海防护林防护功能生态保护补偿价值化实现路径

海岸带地区是全球人口、经济活动和消费活动高度集中的地区，同时也是海洋自然灾害最为频繁的地区。台风、洪水、风暴潮等自然灾害给沿海地区的生命安全和财产安全带来严重的威胁。沿海防护林能通过降低台风风速、削减波浪能和浪高、降低台风过程洪水的水位和流速，从而减少台风灾害，这就是沿海防护林的海岸防护服务。同时，海岸带是实施海洋强国战略的主要区域，也是保护沿海地区生态安全的重要屏障。

经过对秦皇岛市沿海防护林实地调查，其对于降低风对社会经济以及人们生产生活的损害，起到了非常重要的作用。通过评估得出：秦皇岛市沿海防护林面积为1.51万公顷，其沿海防护功能价值量为30.36亿元/年，占总价值量的7.36%。其中，4个国有林场的沿海防护功能价值量为8.43亿元/年，占全市沿海防护功能价值量的27.77%，但是其沿海防护林面积为 5019.05 公顷，占全市沿海防护林总面积的 33.24%。那么，秦皇岛市可以考虑生态保护补偿中纵向补偿的模式，以上级政府财政转移支付为主要方式，对沿海防护林防护功能进行生态保护补偿，使沿海地区免遭或者减轻了风对于区域内生产生活基础设施的破坏，能够维持人们的正常生活秩序。

植被恢复区生态服务生态载体溢价价值化实现路径

以山东省原山林场为例，原山林场建场之初森林覆盖率不足 2%，到处是荒山秃岭。但通过开展植树造林、绿化荒山的生态修复工程，原山林场经营面积由 1996 年的 4.06 万亩增加到 2014 年的 4.40 万亩，活力木蓄积量由 8.07 万立方米增长到了 19.74 万立方米，森林覆盖率由 82.39% 增加到 94.4%。目前，原山林场森林生态系统服务总价值量为 18948.04 万元/年，其中以森林康养功能价值量最大，占总价值量的 31.62%，森林康养价值实现路径为就地实现。

原山林场目前尝试了生态载体溢价的生态服务价值化实现路径，即旅游地产业，通过改善区域生态环境增加生态产品供给能力，带动区域土地房产增值是典型的生态产品直接载体溢价模式。另外，为了文化产业的发展，依托在植被恢复过程中凝聚出来的"原山精神"，已经在原山林场森林康养功能上实现了生态载体溢价。原山林场应结合目前以多种形式开展的"场外造林"活动，提升造林区域生态环境质量，结合自身成功的经营理念，更大限度地实现生态载体溢价的生态服务价值化。

展 望

根据研究结果/案例，在生态系统服务价值化实现路径方面开展更为详细的设计，使生态系统服务价值化实现逐步由理论走向实践。生态系统服务价值化实现的实质就是生态产品的使用价值转化为交换价值的过程。虽然生态产品基础理论尚未成体系，但国内外已经在生态系统服务价值化实现方面开展了丰富多彩的实践活动，形成了一些有特色、可借鉴的实践和模式。森林生态系统功能所产生的服务作为最普惠的生态产品，实现其价值转化具有重大的战略作用和现实意义。因此，建立健全生态系统服务实现机制，既是贯彻落实习近平生态文明思想、践行"绿水青山就是金山银山"理念的重要举措，也是坚持生态优先、推动绿色发展、建设生态文明的必然要求。

生态系统功能是生态系统服务的基础，它独立于人类而存在，生态系统服务则是生态系统功能中有利于人类福祉的部分。对于两者的理论关系认识较早，但迫于技术限制开展的研究相对较少，因此在现有森林生态系统功能与服务转化率研究结果的基础上，开展更为广泛的生态系统服务转化率的研究，进一步细化为就地转化和迁地转化，这也成为未来生态系统服务价值化实现途径的重要研究方向。

摘自：《环境保护》2020年14期

"中国森林生态系统连续观测与清查及绿色核算"系列丛书目录

1. 安徽省森林生态连清与生态系统服务研究，出版时间：2016 年 3 月
2. 吉林省森林生态连清与生态系统服务研究，出版时间：2016 年 7 月
3. 黑龙江省森林生态连清与生态系统服务研究，出版时间：2016 年 12 月
4. 上海市森林生态连清体系监测布局与网络建设研究，出版时间：2016 年 12 月
5. 山东省济南市森林与湿地生态系统服务功能研究，出版时间：2017 年 3 月
6. 吉林省白石山林业局森林生态系统服务功能研究，出版时间：2017 年 6 月
7. 宁夏贺兰山国家级自然保护区森林生态系统服务功能评估，出版时间：2017 年 7 月
8. 陕西省森林与湿地生态系统治污减霾功能研究，出版时间：2018 年 1 月
9. 上海市森林生态连清与生态系统服务研究，出版时间：2018 年 3 月
10. 辽宁省生态公益林资源现状及生态系统服务功能研究，出版时间：2018 年 10 月
11. 森林生态学方法论，出版时间：2018 年 12 月
12. 内蒙古呼伦贝尔市森林生态系统服务功能及价值研究，出版时间：2019 年 7 月
13. 山西省森林生态连清与生态系统服务功能研究，出版时间：2019 年 7 月
14. 山西省直国有林森林生态系统服务功能研究，出版时间：2019 年 7 月
15. 内蒙古大兴安岭重点国有林管理局森林与湿地生态系统服务功能研究与价值评估，出版时间：2020 年 4 月
16. 山东省淄博市原山林场森林生态系统服务功能及价值研究，出版时间：2020 年 4 月
17. 广东省林业生态连清体系网络布局与监测实践，出版时间：2020 年 6 月
18. 森林氧吧监测与生态康养研究——以黑河五大连池风景区为例，出版时间：2020 年 7 月
19. 辽宁省森林、湿地、草地生态系统服务功能评估，出版时间：2020 年 7 月
20. 贵州省森林生态连清监测网络构建与生态系统服务功能研究，出版时间：2020 年 12 月
21. 云南省林草资源生态连清体系监测布局与建设规划，出版时间：2021 年 8 月